章・節	項目	学習日 月／日	問題番号＆チェック	メモ	検印
2章2節	1	／	72　73		
	2	／	74　75		
	3	／	76　77　78		
	4	／	79　80　81		
	5	／	82　83		
	6	／	84		
	ステップアップ	／	練習 15　16　17　18　19　20		
3章1節	1	／	85　86　87　88　89		
	2	／	90　91　92　93		
	3	／	94　95　96		
	4	／	97　98　99		
	5	／	100　101　102		
3章2節	1	／	103　104　105		
	2	／	106　107		
	3	／	108　109		
	4	／	110　111		
	ステップアップ	／	練習 21　22　23　24　25		
4章1節	1	／	112　113　114　115　116		
	2	／	117　118　119　120		
	3	／	121　122　123		
5章1節	1	／	124　125		
	2	／	126　127　128		
	3	／	129		
	4	／	130		
	5	／	131		
	ステップアップ	／	練習 26　27		

○：正解した，理解できた　　　△：正解したが自信がない　　　×：間違えた，よくわからなかった

章・節	項目	学習日 月／日	問題番号＆チェック	メモ	検印
記入例		4／21	⑳ 21 22	22番は公式を間違えた。	
1章1節	1	／	1　2　3　4		
	2	／	5　6　7　8		
	3	／	9		
	4	／	10　11		
	5	／	12　13　14　15		
	ステップアップ	／	練習 1		
1章2節	1	／	16　17　18		
	2	／	19　20		
	3	／	21　22		
	4	／	23　24　25		
	5	／	26　27　28		
	6	／	29　30　31		
	ステップアップ	／	練習 2　3　4　5　6		
2章1節	1	／	32　33　34　35　36　37		
	2	／	38　39　40　41　42		
	3	／	43　44		
	4	／	45　46		
	5	／	47　48　49		
	6	／	50　51　52		
	7	／	53　54　55		
	ステップアップ	／	練習 7　8　9　10		

章・節	項目	学習日 月／日	問題番号＆チェック	メモ	検印
3章1節	1	／	56　57　58		
	2	／	59　60		
	3	／	61　62　63　64		
	ステップアップ	／	練習 11　12　13		
3章2節	1	／	65　66		
	2	／	67　68		
	3	／	69　70		
	4	／	71		
	5	／	72　73　74		
	6	／	75　76		
	ステップアップ	／	練習 14　15		
3章3節	1	／	77　78		
付録	1	／	79　80　81　82		
	2	／	83		
	3	／	84　85　86　87　88　89		
	4	／	90　91　92		
	ステップアップ	／	練習 16　17　18		

学習記録表の使い方

● 「学習日」の欄には，学習した日付を記入しましょう。

● 「問題番号＆チェック」の欄には，以下の基準を参考に，問題番号に○，△，×をつけましょう。

　　　　○：正解した，理解できた

　　　　△：正解したが自信がない

　　　　×：間違えた，よくわからなかった

● 「メモ」の欄には，間違えたところや疑問に思ったことなどを書いておきましょう。復習のときは，ここに書いたことに気をつけながら学習しましょう。

● 「検印」の欄は，先生の検印欄としてご利用いただけます。

もくじ

数学 I

数学Ａ

問題総数

		I	A	I＋A
例		116	79	195
問題	基本	188	130	318
	標準	74	54	128
考えてみよう		13	14	27
ステップアップ	例題	27	18	45
	練習	27	18	45
総数		445	313	758

この問題集で学習するみなさんへ

　本書は，教科書「新編数学Ⅰ」，「新編数学A」に内容や配列を合わせてつくられた問題集です。教科書の完全な理解と，技能の定着をはかることをねらいとし，基本事項から段階的に学習を進められる展開にしました。また，類似問題の反復練習によって，着実に内容を理解できるようにしました。

　学習項目は，教科書の配列をもとに内容を細かく分けています。また，各項目の構成要素は以下の通りです。

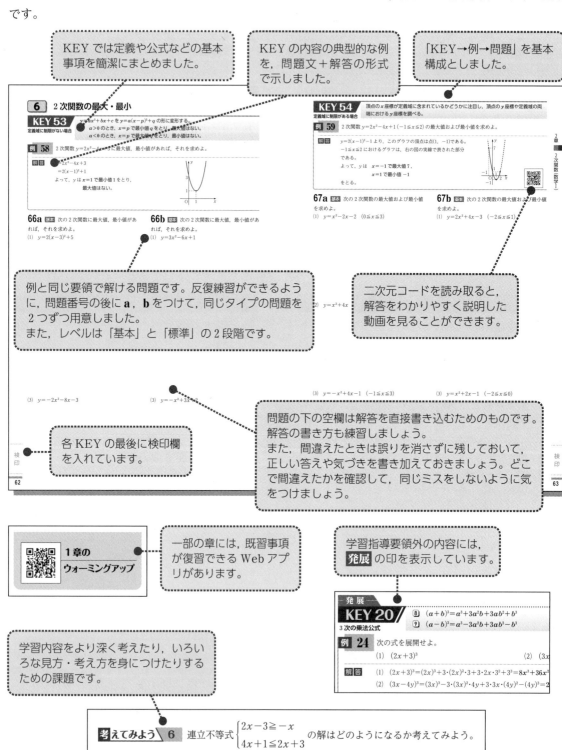

KEY では定義や公式などの基本事項を簡潔にまとめました。

KEY の内容の典型的な例を，問題文＋解答の形式で示しました。

「KEY→例→問題」を基本構成としました。

例と同じ要領で解ける問題です。反復練習ができるように，問題番号の後に **a**，**b** をつけて，同じタイプの問題を2つずつ用意しました。
また，レベルは「基本」と「標準」の2段階です。

二次元コードを読み取ると，解答をわかりやすく説明した動画を見ることができます。

問題の下の空欄は解答を直接書き込むためのものです。解答の書き方も練習しましょう。
また，間違えたときは誤りを消さずに残しておいて，正しい答えや気づきを書き加えておきましょう。どこで間違えたかを確認して，同じミスをしないように気をつけましょう。

各 KEY の最後に検印欄を入れています。

一部の章には，既習事項が復習できる Web アプリがあります。

学習指導要領外の内容には，**発展** の印を表示しています。

学習内容をより深く考えたり，いろいろな見方・考え方を身につけたりするための課題です。

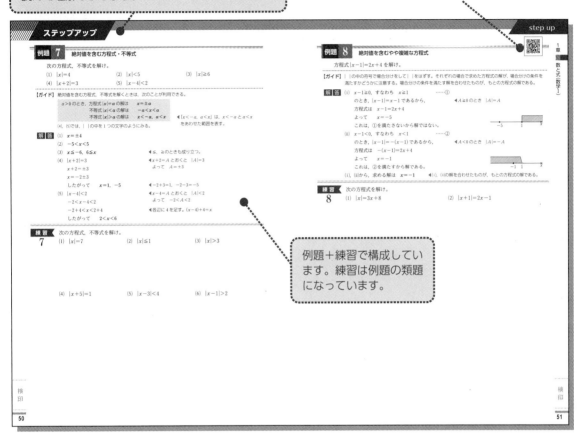

巻末には略解があるので，自分で答え合わせができます。詳しい解答は別冊で扱っています。

また，巻頭にある「学習記録表」に学習の結果を記録して，見直しのときに利用しましょう。間違えたところや苦手なところを重点的に学習すれば，効率よく弱点を補うことができます。

◆学習支援サイト「プラスウェブ」のご案内

本書に掲載した二次元コードのコンテンツをパソコンで見る場合は，以下のURLからアクセスできます。

https://dg-w.jp/b/eba0001

注意 コンテンツの利用に際しては，一般に，通信料が発生します。
先生や保護者の方の指示にしたがって利用してください。

1 整式

KEY 1
単項式の次数と係数

単項式…いくつかの文字や数の積として表される式
次数……掛けている文字の個数　　係数……数の部分

例 1 次の単項式の次数と係数を答えよ。

(1) $4x^2$　　　　　(2) $-a^3$　　　　　(3) $-5xy^2$

解答　(1) 次数は **2**，係数は **4**

(2) 次数は **3**，係数は **-1**

(3) 次数は **3**，係数は **-5**

$$-5xy^2 = -5 \times \underbrace{x \times y \times y}_{\text{次数 3}}$$
$\uparrow$
係数

1a 基本 次の単項式の次数と係数を答えよ。

(1) $7x^4$

(2) $-\dfrac{4}{3}x^3$

(3) $6a^2b^3$

1b 基本 次の単項式の次数と係数を答えよ。

(1) $-5a^6$

(2) $\dfrac{5}{2}y$

(3) $-\dfrac{3}{4}x^3y^4$

例 2 次の単項式について，[ ]内の文字に着目したときの次数と係数を答えよ。

(1) $3x^2y$ $[x]$　　　　　(2) $5a^3xy^2$ $[a]$

解答　(1) 次数は **2**，係数は **$3y$**

(2) 次数は **3**，係数は **$5xy^2$**

◀着目した文字以外の文字は
数と同じものとして扱う。

$$3x^2y = 3y \times \underbrace{x \times x}_{\text{次数 2}}$$
$\uparrow$
係数

2a 基本 次の単項式について，[ ]内の文字に着目したときの次数と係数を答えよ。

(1) $-7xy$ $[y]$

(2) $6a^2x^3y$ $[x]$

2b 基本 次の単項式について，[ ]内の文字に着目したときの次数と係数を答えよ。

(1) $11x^2y^3$ $[x]$

(2) $\dfrac{1}{3}a^4xy^2$ $[a]$

考えてみよう 1 例2(2)について，着目する文字を変えると，次数と係数はどのようになるだろうか。
次の[ ]に着目する文字を a 以外で1つ選んで入れ，次数と係数を □ の中に書き入れてみよう。

$5a^3xy^2$ は[　　　]に着目すると，次数は □，係数は □

KEY 2

整式の整理
整式の次数

同類項……着目した文字の部分が同じである項
降べきの順に整理する……次数の高い項から順に並べ，整式の同類項をまとめること
整式の次数……同類項をまとめた整式において，各項の次数のうち最も高いもの
定数項……着目した文字を含まない項

例 3 次の整式を降べきの順に整理せよ。

(1) $x+5+3x$

(2) $2-3x+x^2+3x+1-2x^2$

解答

(1) $x+5+3x=(x+3x)+5=(1+3)x+5=\boldsymbol{4x+5}$

(2) $2-3x+x^2+3x+1-2x^2=(x^2-2x^2)+(-3x+3x)+(2+1)$

$\qquad =(1-2)x^2+(-3+3)x+3=\boldsymbol{-x^2+3}$

3a 基本 次の整式を降べきの順に整理せよ。

(1) $7x+3x^2-5-4x$

(2) $6x-3x^2-4x-1+x^2-2x$

3b 基本 次の整式を降べきの順に整理せよ。

(1) $2x-5x-x^2+4+2x^2-8$

(2) $x^3+8-4x^2-x^3+7x^2+5x$

例 4 整式 $x^2+3xy-4-7x-2y$ について，次の文字に着目したときの次数と定数項を答えよ。

(1) x

(2) y

解答

(1) x について降べきの順に整理すると $\quad x^2+(3y-7)x+(-2y-4)$

よって，次数は **2**，定数項は $\boldsymbol{-2y-4}$

(2) y について降べきの順に整理すると $\quad (3x-2)y+(x^2-7x-4)$

よって，次数は **1**，定数項は $\boldsymbol{x^2-7x-4}$

4a 基本 整式 $xy-7y^2+3x-4y+1$ について，次の文字に着目したときの次数と定数項を答えよ。

(1) x

(2) y

4b 基本 整式 $x^2+3y-7xy+x+2y^2-4$ について，次の文字に着目したときの次数と定数項を答えよ。

(1) x

(2) y

2 整式の加法・減法

KEY 3

整式の加法・減法

① 符号に注意して( )をはずす。
　　+( )のときはそのまま( )を省く。−( )のときは符号を変える。
② 同類項をまとめる。

例 5 $A=3x^2-7x+6$, $B=4x^2-8x-5$ のとき，次の式を計算せよ。

(1) $A+B$

(2) $3A-B$

解答 (1) $A+B=(3x^2-7x+6)+(4x^2-8x-5)=3x^2-7x+6+4x^2-8x-5$

$\qquad =(3x^2+4x^2)+(-7x-8x)+(6-5)=\boldsymbol{7x^2-15x+1}$

(2) $3A-B=3(3x^2-7x+6)-(4x^2-8x-5)$

$\qquad =9x^2-21x+18-4x^2+8x+5$　◀符号に注意する。　 $3(3x^2-7x+6)$

$\qquad =(9x^2-4x^2)+(-21x+8x)+(18+5)=\boldsymbol{5x^2-13x+23}$

5a 基本 次の整式 A, B について，和 $A+B$ と差 $A-B$ を計算せよ。

(1) $A=4x^2+9x+4$, $B=2x^2+5x+1$

5b 基本 次の整式 A, B について，和 $A+B$ と差 $A-B$ を計算せよ。

(1) $A=2x^2+5x-1$, $B=4x^2-7x-8$

(2) $A=3x^2-x+9$, $B=-x^2+3x-2$

(2) $A=3x^2+12$, $B=-6x^2+2x-5$

6a 基本 次の整式 A, B について, $A+3B$ と $2A-B$ を計算せよ。

$$A=x^2+3x+6, \quad B=2x^2+x-1$$

6b 基本 次の整式 A, Bについて, $2A+3B$ と $3A-2B$ を計算せよ。

$$A=3x^2-x+2, \quad B=-x^2-2x-4$$

例 6 $A=4x^2-3x+5$, $B=2x^2-8x+6$ のとき, $3A-B-(A+2B)$ を計算せよ。

解答
$$3A-B-(A+2B)=3A-B-A-2B=2A-3B \qquad \blacktriangleleft 簡単にしてから代入する。$$
$$=2(4x^2-3x+5)-3(2x^2-8x+6)$$
$$=8x^2-6x+10-6x^2+24x-18=\mathbf{2x^2+18x-8}$$

7a 標準 $A=x^2+x-3$, $B=2x^2+3x-4$ のとき, $3(A-2B)+4B$ を計算せよ。

7b 標準 $A=2x^2+5x-1$, $B=x^2-6x+4$ のとき, $2A+B-(A-2B)$ を計算せよ。

3 整式の乗法

指数法則

m, n を正の整数とする。

① $a^m \times a^n = a^{m+n}$ ② $(a^m)^n = a^{mn}$ ③ $(ab)^n = a^n b^n$

例 7 次の式を計算せよ。

(1) $3x^2 \times (-4x^5)$　　　(2) $(-2a^2b)^3$　　　(3) $-a^2b \times 3ab^2$

解答

(1) $3x^2 \times (-4x^5) = \{3 \times (-4)\} \times (x^2 \times x^5) = \mathbf{-12x^7}$

(2) $(-2a^2b)^3 = (-2)^3 \times (a^2)^3 \times b^3 = \mathbf{-8a^6b^3}$

(3) $-a^2b \times 3ab^2 = \{(-1) \times 3\} \times (a^2 \times a) \times (b \times b^2) = \mathbf{-3a^3b^3}$

◀係数，文字の部分の積を
それぞれ計算する。

8a 基本 次の式を計算せよ。

(1) $a^4 \times a^5$

(2) $(a^2)^5$

(3) $(ab)^3$

8b 基本 次の式を計算せよ。

(1) $x^5 \times x$

(2) $(x^4)^3$

(3) $(xy)^6$

9a 基本 次の式を計算せよ。

(1) $4x^3 \times 3x^2$

(2) $(-2x^4)^2$

(3) $(-2a^2b) \times 5a^3b^2$

9b 基本 次の式を計算せよ。

(1) $(-5x^3) \times 3x^5$

(2) $(-a^2b^3)^3$

(3) $(-2x^2)^3 \times (-xy^2)$

KEY 5
分配法則による展開

分配法則　$\overparen{A(B+C)}=AB+AC$　　　　$\overparen{(A+B)C}=AC+BC$

例 8 次の式を展開せよ。

(1) $3x(2x^2+x-4)$　　　　　　　(2) $(3x-2)(x^2-2x+3)$

解答
(1) $3x(2x^2+x-4)=3x\cdot2x^2+3x\cdot x+3x\cdot(-4)=\boldsymbol{6x^3+3x^2-12x}$

◀記号・は，×と同様に掛け算を表す。

(2) $(3x-2)(x^2-2x+3)=3x(x^2-2x+3)-2(x^2-2x+3)$

$\qquad\qquad\qquad\qquad =3x^3-6x^2+9x-2x^2+4x-6=\boldsymbol{3x^3-8x^2+13x-6}$

10a 基本 次の式を展開せよ。

(1) $3x(2x^2-5x+4)$

(2) $(x^2-7x+3)\times(-4x)$

10b 基本 次の式を展開せよ。

(1) $-2x(x^2+3x-5)$

(2) $(2x^2+xy+7y^2)\times2x^2y$

11a 基本 次の式を展開せよ。

(1) $(x-3)(3x^2-5x+1)$

(2) $(x^2-3x+6)(2x+1)$

11b 基本 次の式を展開せよ。

(1) $(2x-3)(3x^2-x-7)$

(2) $(x+3y)(4x^2-2xy+y^2)$

検印

4 乗法公式の利用

① $(a+b)^2=a^2+2ab+b^2$　② $(a-b)^2=a^2-2ab+b^2$

乗法公式

例 9 次の式を展開せよ。

(1) $(4x-1)^2$　　　　　　　　　(2) $(x+3y)^2$

解答 (1) $(4x-1)^2=(4x)^2-2\cdot4x\cdot1+1^2=\bm{16x^2-8x+1}$ ◀乗法公式②で $4x$ を1つの文字のようにみる。

(2) $(x+3y)^2=x^2+2\cdot x\cdot3y+(3y)^2=\bm{x^2+6xy+9y^2}$ ◀乗法公式①

12a 基本 次の式を展開せよ。

(1) $(x+4)^2$

(2) $(2x-1)^2$

(3) $(x-5y)^2$

12b 基本 次の式を展開せよ。

(1) $(a-6)^2$

(2) $(3x+2)^2$

(3) $(3x+4y)^2$

検印

③ $(a+b)(a-b)=a^2-b^2$

乗法公式

例 10 次の式を展開せよ。

(1) $(x+9)(x-9)$　　　　　　　　(2) $(3x-2y)(3x+2y)$

解答 (1) $(x+9)(x-9)=x^2-9^2=\bm{x^2-81}$

(2) $(3x-2y)(3x+2y)=(3x+2y)(3x-2y)=(3x)^2-(2y)^2=\bm{9x^2-4y^2}$

13a 基本 次の式を展開せよ。

(1) $(x+3)(x-3)$

(2) $(7x-1)(7x+1)$

(3) $(2x+3y)(2x-3y)$

13b 基本 次の式を展開せよ。

(1) $(a-4)(a+4)$

(2) $(3x+5)(3x-5)$

(3) $(-3x+4y)(3x+4y)$

検印

KEY 8

④ $(x+a)(x+b)=x^2+(a+b)x+ab$

乗法公式

例 11 次の式を展開せよ。

(1) $(x-4)(x-7)$ (2) $(x+5y)(x-3y)$

解答 (1) $(x-4)(x-7)=x^2+\{(-4)+(-7)\}x+(-4)\cdot(-7)=\boldsymbol{x^2-11x+28}$

(2) $(x+5y)(x-3y)=x^2+\{5y+(-3y)\}x+5y\cdot(-3y)=\boldsymbol{x^2+2xy-15y^2}$

14a 基本 次の式を展開せよ。

(1) $(x+2)(x+5)$

(2) $(x-3)(x+5)$

(3) $(x-4)(x-1)$

(4) $(x+3y)(x-9y)$

(5) $(x-5y)(x-4y)$

14b 基本 次の式を展開せよ。

(1) $(a+6)(a-7)$

(2) $(x-6)(x-4)$

(3) $(x-1)(x+3)$

(4) $(x+6y)(x+3y)$

(5) $(a-2b)(a+7b)$

検印

⑤ $(ax+b)(cx+d)=acx^2+(ad+bc)x+bd$

乗法公式

例 **12** 次の式を展開せよ。

  (1) $(3x-1)(2x+5)$ (2) $(2x+y)(7x-y)$

解答 (1) $(3x-1)(2x+5)=(3\cdot2)x^2+\{3\cdot5+(-1)\cdot2\}x+(-1)\cdot5=\mathbf{6x^2+13x-5}$

   (2) $(2x+y)(7x-y)=(2\cdot7)x^2+\{2\cdot(-y)+y\cdot7\}x+y\cdot(-y)=\mathbf{14x^2+5xy-y^2}$

15a 基本 次の式を展開せよ。

(1) $(2x+5)(3x+1)$

(2) $(5x-1)(x+3)$

(3) $(7x+3)(2x-5)$

(4) $(4x-3y)(x-4y)$

(5) $(3a-b)(2a+7b)$

15b 基本 次の式を展開せよ。

(1) $(5x-2)(6x-1)$

(2) $(a-4)(3a+8)$

(3) $(4x+5)(2x-3)$

(4) $(3x+2y)(5x+y)$

(5) $(-2x+3y)(3x+y)$

5　因数分解(1)

KEY 10
共通因数のくくり出し

すべての項に共通な因数は，かっこの外にくくり出す。
$$ma+mb=m(a+b)$$

例 13 次の式を因数分解せよ。

(1)　$2x^2y-8xy^2$ 　　　　　(2)　$(a-2)x-3(a-2)$

解答
(1)　$2x^2y-8xy^2=2xy\cdot x-2xy\cdot 4y=\boldsymbol{2xy(x-4y)}$

(2)　$(a-2)x-3(a-2)=\boldsymbol{(a-2)(x-3)}$ 　　◀ $a-2$ をくくり出す。

16a 基本 次の式を因数分解せよ。

(1)　$2ab+6bc-4abc$

(2)　$5x^3y+10x^2y^2$

(3)　$3x^2-x$

(4)　$2a^2b-ab^2+3ab$

(5)　$(a+1)x-(a+1)y$

16b 基本 次の式を因数分解せよ。

(1)　$5xy-3yz+y$

(2)　$12a^2b^3-18ab^4$

(3)　$4a^4+2a^3$

(4)　$4x^2y-6xy+2xy^3$

(5)　$(a-b)x+(a-b)$

検印

KEY 11
因数分解の公式

① $a^2+2ab+b^2=(a+b)^2$
② $a^2-2ab+b^2=(a-b)^2$

例. 14 次の式を因数分解せよ。

(1) $x^2+18x+81$ (2) $9x^2-30xy+25y^2$

解答
(1) $x^2+18x+81=x^2+2\cdot x\cdot 9+9^2=(x+9)^2$
(2) $9x^2-30xy+25y^2=(3x)^2-2\cdot 3x\cdot 5y+(5y)^2=(3x-5y)^2$

17a 基本 次の式を因数分解せよ。

(1) $x^2+10x+25$

(2) $4x^2-4x+1$

(3) $9x^2+12x+4$

(4) $x^2-12xy+36y^2$

(5) $9x^2+6xy+y^2$

17b 基本 次の式を因数分解せよ。

(1) $x^2-14x+49$

(2) $16x^2+8x+1$

(3) $25x^2+30x+9$

(4) $x^2+16xy+64y^2$

(5) $4x^2-28xy+49y^2$

検印

KEY 12

③ $a^2-b^2=(a+b)(a-b)$

因数分解の公式

例 15 次の式を因数分解せよ。

(1) x^2-4　　　　　　　　　　(2) $36x^2-25y^2$

解答　(1) $x^2-4=x^2-2^2=(x+2)(x-2)$

(2) $36x^2-25y^2=(6x)^2-(5y)^2=(6x+5y)(6x-5y)$

18a 基本 次の式を因数分解せよ。

(1) x^2-64

(2) $4x^2-1$

(3) $9x^2-4$

(4) x^2-16y^2

(5) $4x^2-81y^2$

18b 基本 次の式を因数分解せよ。

(1) x^2-49

(2) x^2-1

(3) $25x^2-16$

(4) $9x^2-25y^2$

(5) x^2y^2-4

検印

6 因数分解(2)

④ $x^2+(a+b)x+ab=(x+a)(x+b)$

因数分解の公式

例 **16** 次の式を因数分解せよ。

(1) $x^2+2x-15$ (2) $x^2-10xy+24y^2$

解答 (1) $x^2+2x-15=(x+5)(x-3)$ ◀積が -15，和が 2 となる 2 つの数は 5 と -3

(2) $x^2-10xy+24y^2=(x-4y)(x-6y)$ ◀積が $24y^2$，和が $-10y$ となる 2 つの式は $-4y$ と $-6y$

19a 基本 次の式を因数分解せよ。

(1) $x^2+8x+15$

(2) a^2-6a+5

(3) $x^2+4x-12$

(4) $x^2+9xy+8y^2$

(5) $x^2+7xy-18y^2$

19b 基本 次の式を因数分解せよ。

(1) $a^2+10a+9$

(2) $x^2-12x+20$

(3) $x^2-10x-24$

(4) $x^2-5xy+4y^2$

(5) $a^2-6ab-16b^2$

検印

⑤ $acx^2+(ad+bc)x+bd=(ax+b)(cx+d)$

因数分解の公式

例 **17** 次の式を因数分解せよ。

(1) $2x^2+7x+5$ (2) $4x^2-4xy-15y^2$

解答 (1) $2x^2+7x+5=(x+1)(2x+5)$

$$\begin{array}{r} 2x^2+7x+5 \\ \hline 1 \quad\times\quad 1 \longrightarrow 2 \\ 2 \quad\quad 5 \longrightarrow 5 \\ \hline 7 \end{array}$$

(2) $4x^2-4xy-15y^2=4x^2-4y\cdot x-15y^2$

$$=(2x+3y)(2x-5y)$$

$$\begin{array}{r} 4x^2-4xy-15y^2 \\ \hline 2 \quad\times\quad 3y \longrightarrow 6y \\ 2 \quad\quad -5y \longrightarrow -10y \\ \hline -4y \end{array}$$

20a 基本 次の式を因数分解せよ。

(1) $2x^2+3x+1$

(2) $3x^2-7x+2$

(3) $6a^2+7a-3$

(4) $4x^2-5x-6$

20b 基本 次の式を因数分解せよ。

(1) $2x^2-5x+2$

(2) $3x^2-8x-3$

(3) $5a^2-a-4$

(4) $6x^2+13x-8$

21a 基本 次の式を因数分解せよ。

(1) $5x^2-8xy+3y^2$

(2) $4x^2-5xy-6y^2$

21b 基本 次の式を因数分解せよ。

(1) $5x^2+17xy+6y^2$

(2) $6a^2+11ab-10b^2$

7 因数分解⑶

因数分解の公式 ①〜⑤ の中から適切なものを選んで利用する。

因数分解の公式の利用

例 18 次の式を因数分解せよ。

(1) x^2-x-6 （2） $4x^2+4x+1$ （3） $2x^2-x-3$

解答 (1) $x^2-x-6=(x+2)(x-3)$ ◀④

(2) $4x^2+4x+1=(2x)^2+2\cdot2x\cdot1+1^2=(2x+1)^2$ ◀①

(3) $2x^2-x-3=(x+1)(2x-3)$ ◀⑤

$$
\begin{array}{l}
2x^2-x-3 \\
\hline
1 \diagdown\diagup 1 \longrightarrow 2 \\
2 \diagup\diagdown -3 \longrightarrow -3 \\
\hline
-1
\end{array}
$$

22a 基本 次の式を因数分解せよ。

(1) $3x^2-5x-2$

(2) $9x^2-16$

(3) $x^2-5x-36$

(4) $4x^2+12x+9$

(5) $6x^2+7x-10$

(6) $x^2-11x+24$

22b 基本 次の式を因数分解せよ。

(1) $16x^2-8x+1$

(2) $x^2-2x-15$

(3) $9x^2-10x+1$

(4) $2x^2+15x+18$

(5) $25x^2-1$

(6) $8x^2+6x-9$

23a 基本 次の式を因数分解せよ。

(1) $2x^2-5xy-12y^2$

(2) x^2-y^2

(3) $4x^2+20xy+25y^2$

(4) $x^2+4xy-12y^2$

(5) $3x^2-4xy-4y^2$

(6) $x^2-3xy-18y^2$

23b 基本 次の式を因数分解せよ。

(1) $x^2-8xy+7y^2$

(2) $6x^2+xy-5y^2$

(3) $16x^2-25y^2$

(4) $4x^2+7xy+3y^2$

(5) $16x^2-24xy+9y^2$

(6) $9x^2-9xy-10y^2$

KEY 16
おきかえの利用

やや複雑な式の展開では，式の一部をまとめて1つの文字におきかえると，乗法公式を利用できることがある。

例 19 次の式を展開せよ。

(1) $(2x+y-1)(2x-y-1)$
(2) $(a+b-c)^2$

解答 (1) $2x-1=A$ とおくと

$$(2x+y-1)(2x-y-1)=\{(2x-1)+y\}\{(2x-1)-y\}=(A+y)(A-y)$$
$$=A^2-y^2=(2x-1)^2-y^2=4x^2-4x+1-y^2=\boldsymbol{4x^2-y^2-4x+1}$$

(2) $a+b=A$ とおくと

$$(a+b-c)^2=\{(a+b)-c\}^2=(A-c)^2=A^2-2Ac+c^2=(a+b)^2-2(a+b)c+c^2$$
$$=a^2+2ab+b^2-2ac-2bc+c^2=\boldsymbol{a^2+b^2+c^2+2ab-2bc-2ca}$$

24a 標準 次の式を展開せよ。

(1) $(a+3b-1)(a+3b+2)$

(2) $(x+y+3)(x-y+3)$

24b 標準 次の式を展開せよ。

(1) $(2a+b+c)(2a+b-c)$

(2) $(x+y+1)(x-y-1)$

25a 標準 $(a+2b+3)^2$ を展開せよ。

25b 標準 $(2x-y-z)^2$ を展開せよ。

KEY 17
因数分解のポイント

① 共通な因数を作り，それをくくり出す。
② 式の一部をまとめて1つの文字におきかえると，公式を利用できることがある。

例 20 次の式を因数分解せよ。

(1) $(a-b)x-a+b$ (2) $(x-y)^2+5(x-y)+6$

解答 (1) $(a-b)x-a+b=(a-b)x-(a-b)=(\boldsymbol{a-b})(\boldsymbol{x-1})$

(2) $x-y=A$ とおくと

$(x-y)^2+5(x-y)+6=A^2+5A+6=(A+2)(A+3)=(\boldsymbol{x-y+2})(\boldsymbol{x-y+3})$

26a 標準 次の式を因数分解せよ。

(1) $(a-2)x+(2-a)y$

(2) $x(y+2)+2y+4$

26b 標準 次の式を因数分解せよ。

(1) $2a(x-1)+b(1-x)$

(2) $(a+1)x-4a-4$

27a 標準 次の式を因数分解せよ。

(1) $(x+y)^2-3(x+y)-4$

(2) $(x-y)^2-25$

27b 標準 次の式を因数分解せよ。

(1) $2(x-y)^2+(x-y)-3$

(2) $(x+1)^2-y^2$

KEY 18

1つの文字について整理する

2種類以上の文字を含んだ式を因数分解するときには，1つの文字に着目して整理すると，見通しが立つことがある。着目する文字は，次のように決定する。
① 最も次数の低い文字に着目する。
② どの文字も次数が同じ場合は，整理しやすい文字に着目する。

例 21 $x^2+xy-2y-4$ を因数分解せよ。

解答 $x^2+xy-2y-4=(x-2)y+x^2-4=(x-2)y+(x+2)(x-2)$ ◀次数の低い y について整理する。
$\qquad =(x-2)(y+x+2)=\boldsymbol{(x-2)(x+y+2)}$

28a 標準 次の式を因数分解せよ。

(1) $x^2-3y+xy-9$

(2) $a^2-c^2-ab-bc$

28b 標準 次の式を因数分解せよ。

(1) $ab^2-2ab+2b-4$

(2) $a^2+b^2+2bc+2ca+2ab$

例 22 $x^2+3xy+2y^2-x+y-6$ を因数分解せよ。

解答 $\quad x^2+3xy+2y^2-x+y-6$
$=x^2+(3y-1)x+(2y^2+y-6)$ ◀x について整理する。
$=x^2+(3y-1)x+(y+2)(2y-3)$
$=\{x+(y+2)\}\{x+(2y-3)\}$
$=\boldsymbol{(x+y+2)(x+2y-3)}$

$$\begin{array}{ccc} 1 & \diagdown & 2 \longrightarrow 4 \\ 2 & \diagup & -3 \longrightarrow -3 \\ \hline & & 1 \end{array}$$

$$\begin{array}{ccc} 1 & \diagdown & y+2 \longrightarrow y+2 \\ 1 & \diagup & 2y-3 \longrightarrow 2y-3 \\ \hline & & 3y-1 \end{array}$$

29a 標準 次の式を因数分解せよ。

(1) $x^2+(3y-4)x+(2y-3)(y-1)$

(2) $x^2+2xy+y^2-x-y-6$

29b 標準 次の式を因数分解せよ。

(1) $x^2-(2y+1)x-(3y+2)(y+1)$

(2) $x^2-xy-6y^2+3x+y+2$

30a 標準 $2x^2+5xy+2y^2+5x+y-3$ を因数分解せよ。

30b 標準 $6x^2-7xy+2y^2-6x+5y-12$ を因数分解せよ。

考えてみよう 2 例22を y について整理して因数分解してみよう。

10 3次の乗法公式と3次式の因数分解

―発展―

KEY 19

3次の乗法公式

⑥ $(a+b)(a^2-ab+b^2)=a^3+b^3$

⑦ $(a-b)(a^2+ab+b^2)=a^3-b^3$

例 23 次の式を展開せよ。

(1) $(x-3)(x^2+3x+9)$ (2) $(3x+2y)(9x^2-6xy+4y^2)$

解答 (1) $(x-3)(x^2+3x+9)=(x-3)(x^2+x\cdot3+3^2)=x^3-3^3=\boldsymbol{x^3-27}$

(2) $(3x+2y)(9x^2-6xy+4y^2)=(3x+2y)\{(3x)^2-3x\cdot2y+(2y)^2\}=(3x)^3+(2y)^3=\boldsymbol{27x^3+8y^3}$

31a 基本 次の式を展開せよ。

(1) $(x+2)(x^2-2x+4)$

(2) $(x-4)(x^2+4x+16)$

(3) $(a-3b)(a^2+3ab+9b^2)$

31b 基本 次の式を展開せよ。

(1) $(a+3)(a^2-3a+9)$

(2) $(2x-1)(4x^2+2x+1)$

(3) $(3x+y)(9x^2-3xy+y^2)$

検印

―発展―

KEY 20

3次の乗法公式

⑧ $(a+b)^3=a^3+3a^2b+3ab^2+b^3$

⑨ $(a-b)^3=a^3-3a^2b+3ab^2-b^3$

例 24 次の式を展開せよ。

(1) $(2x+3)^3$ (2) $(3x-4y)^3$

解答 (1) $(2x+3)^3=(2x)^3+3\cdot(2x)^2\cdot3+3\cdot2x\cdot3^2+3^3=\boldsymbol{8x^3+36x^2+54x+27}$

(2) $(3x-4y)^3=(3x)^3-3\cdot(3x)^2\cdot4y+3\cdot3x\cdot(4y)^2-(4y)^3=\boldsymbol{27x^3-108x^2y+144xy^2-64y^3}$

32a 基本 次の式を展開せよ。

(1) $(x-2)^3$

(2) $(2x+y)^3$

32b 基本 次の式を展開せよ。

(1) $(3a+1)^3$

(2) $(3x-2y)^3$

検印

発展

KEY 21

3次式の因数分解

6 $a^3+b^3=(a+b)(a^2-ab+b^2)$

7 $a^3-b^3=(a-b)(a^2+ab+b^2)$

例 **25** 次の式を因数分解せよ。

(1) a^3+27b^3　　　　　　(2) $27x^3-1$

解答 (1) $a^3+27b^3=a^3+(3b)^3=(a+3b)\{a^2-a\cdot3b+(3b)^2\}=\boldsymbol{(a+3b)(a^2-3ab+9b^2)}$

(2) $27x^3-1=(3x)^3-1^3=(3x-1)\{(3x)^2+3x\cdot1+1^2\}=\boldsymbol{(3x-1)(9x^2+3x+1)}$

33a 基本 次の式を因数分解せよ。

(1) x^3+1

(2) x^3-8y^3

33b 基本 次の式を因数分解せよ。

(1) $64x^3+y^3$

(2) $8a^3-27$

検印

例題 1 展開の工夫(1)

次の式を展開せよ。

(1) $(x+2)(x-2)(x^2+4)$　　　　　　(2) $(x+2)^2(x-2)^2$

【ガイド】 計算が簡単になるように，掛け合わせる順番を工夫する。ここでは，乗法公式 $(a+b)(a-b)=a^2-b^2$ が使える組み合わせを見つける。

解答 (1) $(x+2)(x-2)(x^2+4)=\{(x+2)(x-2)\}(x^2+4)=(x^2-4)(x^2+4)=(x^2)^2-4^2=\boldsymbol{x^4-16}$

(2) $(x+2)^2(x-2)^2=\{(x+2)(x-2)\}^2=(x^2-4)^2=(x^2)^2-2\cdot x^2\cdot4+4^2=\boldsymbol{x^4-8x^2+16}$ ◀ $A^2B^2=(AB)^2$

練習 1 次の式を展開せよ。

(1) $(a-1)(a+1)(a^2+1)$

(2) $(x-1)^2(x+1)^2$

(3) $(x+y)^2(x-y)^2(x^2+y^2)^2$

例題 2 展開の工夫⑵

$(x+1)(x+2)(x+3)(x+4)$ を展開せよ。

【ガイド】 式の一部に共通な項が出てくるように，掛け合わせる組み合わせを考える。

解答
$$(x+1)(x+2)(x+3)(x+4)=\{(x+1)(x+4)\}\{(x+2)(x+3)\}$$
$$=(x^2+5x+4)(x^2+5x+6)$$
$$=\{(x^2+5x)+4\}\{(x^2+5x)+6\}$$
$$=(x^2+5x)^2+10(x^2+5x)+24$$
$$=x^4+10x^3+25x^2+10x^2+50x+24$$
$$\boldsymbol{=x^4+10x^3+35x^2+50x+24}$$

◀$(x+1)(x+2)(x+3)(x+4)$

◀$x^2+5x=A$ とおいてもよい。
　$(A+4)(A+6)=A^2+10A+24$

練習 2 次の式を展開せよ。

(1) $(x+1)(x-2)(x+3)(x-4)$

(2) $x(x+1)(x+2)(x+3)$

(3) $(x+1)(x+2)(x+3)(x+6)$

次の式を因数分解せよ。

(1) $2x^3-6x^2+4x$ (2) x^4-5x^2+4

【ガイド】 (1) 共通な因数をくくり出してから因数分解の公式を利用する。

(2) $x^2=A$ とおいて 2 次式にしてから因数分解の公式を利用する。

解 答 (1) $2x^3-6x^2+4x=2x(x^2-3x+2)=\boldsymbol{2x(x-1)(x-2)}$

(2) $x^2=A$ とおくと

$x^4-5x^2+4=A^2-5A+4=(A-1)(A-4)$ ◀ $x^4=(x^2)^2=A^2$

$=(x^2-1)(x^2-4)=\boldsymbol{(x+1)(x-1)(x+2)(x-2)}$

練 習 3 次の式を因数分解せよ。

(1) $3x^3-6x^2-9x$

(2) $16x^3-9xy^2$

(3) x^4-16

(4) $4x^4-5x^2+1$

例題 4　いろいろな因数分解(2)

$a(b^2-c^2)+b(c^2-a^2)+c(a^2-b^2)$ を因数分解せよ。

【ガイド】 a, b, c のどの文字についても2次式であるから，いずれかの文字について整理する。

解答
$$a(b^2-c^2)+b(c^2-a^2)+c(a^2-b^2)$$
$$=ab^2-ac^2+bc^2-ba^2+ca^2-cb^2$$
$$=(-b+c)a^2+(b^2-c^2)a+bc^2-cb^2 \qquad \blacktriangleleft a \text{ について整理する。}$$
$$=-(b-c)a^2+(b+c)(b-c)a-bc(b-c)$$
$$=-(b-c)\{a^2-(b+c)a+bc\} \qquad \blacktriangleleft -(b-c) \text{ が共通な因数}$$
$$=-(b-c)(a-b)(a-c)$$
$$=\boldsymbol{(a-b)(b-c)(c-a)} \qquad \blacktriangleleft a, b, c \text{ の順に表す。}$$

練習 4 次の式を因数分解せよ。

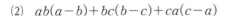

(1)　$abc+ab+bc+ca+a+b+c+1$

(2)　$ab(a-b)+bc(b-c)+ca(c-a)$

2節 実数

1 実数

KEY 22
循環小数

循環小数……無限小数のうち，同じ数字の並びが周期的にくり返される小数。
循環節……循環小数において，循環する部分。循環小数は，循環節の始まりの数字と
　　　　　終わりの数字の上に，記号・をつけて表す。

例 26 次の分数を小数に直し，循環小数の表し方で書け。

(1) $\dfrac{8}{11}$

(2) $\dfrac{4}{37}$

解答 (1) $\dfrac{8}{11}=0.7272\cdots\cdots=0.\dot{7}\dot{2}$

(2) $\dfrac{4}{37}=0.108108\cdots\cdots=0.\dot{1}0\dot{8}$

34a 基本 次の分数を小数に直し，循環小数の
表し方で書け。

(1) $\dfrac{1}{6}$

(2) $\dfrac{17}{33}$

(3) $\dfrac{8}{27}$

34b 基本 次の分数を小数に直し，循環小数の
表し方で書け。

(1) $\dfrac{8}{15}$

(2) $\dfrac{16}{11}$

(3) $\dfrac{5}{111}$

検印

KEY 23
循環小数を分数で表す

① 循環小数を x とおく。
② 循環節が n 桁であれば，x を 10^n 倍する。
③ $10^n x - x$ を計算して循環節を消去する。

例 27 循環小数 $0.\dot{1}\dot{5}$ を分数の形で表せ。

解答 $x=0.\dot{1}\dot{5}$ とおくと，右の計算から　　$99x=15$

よって　$x=\dfrac{15}{99}=\dfrac{5}{33}$　　すなわち　$0.\dot{1}\dot{5}=\dfrac{5}{33}$

$$\begin{array}{r} 100x=15.1515\cdots\cdots \\ -)x=0.1515\cdots\cdots \\ \hline 99x=15 \end{array}$$

35a 基本 次の循環小数を分数の形で表せ。

(1) $0.\dot{7}$

(2) $0.\dot{4}\dot{5}$

35b 基本 次の循環小数を分数の形で表せ。

(1) $1.\dot{3}$

(2) $0.\dot{1}0\dot{3}$

KEY 24　　$a \geqq 0$ のとき $|a|=a$　　　　$a < 0$ のとき $|a|=-a$

絶対値

例 28 次の値を求めよ。

(1) $|-4|$　　　　　(2) $|7|-|-2|$　　　　　(3) $|3-\sqrt{11}|$

解答　(1) $|-4|=-(-4)=\mathbf{4}$

(2) $|7|=7$, $|-2|=-(-2)=2$ であるから　$|7|-|-2|=7-2=\mathbf{5}$

(3) $3-\sqrt{11}=\sqrt{9}-\sqrt{11}<0$ であるから　$|3-\sqrt{11}|=-(3-\sqrt{11})=\boldsymbol{\sqrt{11}-3}$

36a 基本 次の値を求めよ。

(1) $|-8|$

(2) $|\sqrt{3}|$

(3) $|-5|+|-10|$

(4) $|2-\sqrt{6}|$

36b 基本 次の値を求めよ。

(1) $|0.3|$

(2) $\left|-\dfrac{1}{7}\right|$

(3) $|6|-|-1|$

(4) $|\sqrt{15}-4|$

① $a≧0$ のとき $\sqrt{a^2}=a$　　　$a<0$ のとき $\sqrt{a^2}=-a$
② $a≧0$ のとき $(\sqrt{a})^2=a,\ (-\sqrt{a})^2=a$

例 29 次の値を求めよ。

(1) 2 の平方根　　　　　(2) $-\sqrt{100}$　　　　　(3) $(-\sqrt{3})^2$

解答　(1) $\sqrt{2}$ と $-\sqrt{2}$　　(2) $-\sqrt{100}=-\sqrt{10^2}=-10$　　(3) $(-\sqrt{3})^2=3$

37a 基本 次の値を求めよ。

(1) 10の平方根

(2) $\sqrt{3^2}$

(3) $-\sqrt{36}$

(4) $(\sqrt{5})^2$

(5) $(-\sqrt{2})^2$

37b 基本 次の値を求めよ。

(1) 16の平方根

(2) $\sqrt{81}$

(3) $\sqrt{(-7)^2}$

(4) $(\sqrt{8})^2$

(5) $(-\sqrt{18})^2$

検
印

$a>0,\ b>0,\ k>0$ のとき

① $\sqrt{a}\sqrt{b}=\sqrt{ab}$　　② $\dfrac{\sqrt{a}}{\sqrt{b}}=\sqrt{\dfrac{a}{b}}$　　③ $\sqrt{k^2a}=k\sqrt{a}$

例 30 次の式を計算し，$\sqrt{}$ の中をできるだけ小さい整数の形にせよ。

(1) $\sqrt{75}$　　　　　(2) $\sqrt{7}\times\sqrt{14}$　　　　　(3) $\dfrac{\sqrt{40}}{\sqrt{5}}$

解答　(1) $\sqrt{75}=\sqrt{5^2\times3}=5\sqrt{3}$

(2) $\sqrt{7}\times\sqrt{14}=\sqrt{7\times14}=\sqrt{7\times7\times2}=\sqrt{7^2\times2}=7\sqrt{2}$

(3) $\dfrac{\sqrt{40}}{\sqrt{5}}=\sqrt{\dfrac{40}{5}}=\sqrt{8}=\sqrt{2^2\times2}=2\sqrt{2}$

38a 基本 次の式を計算し，$\sqrt{}$ の中をできるだけ小さい整数の形にせよ。

(1) $\sqrt{28}$

(2) $\sqrt{3} \times \sqrt{6}$

(3) $\dfrac{\sqrt{48}}{\sqrt{2}}$

38b 基本 次の式を計算し，$\sqrt{}$ の中をできるだけ小さい整数の形にせよ。

(1) $\sqrt{72}$

(2) $\sqrt{15} \times \sqrt{21}$

(3) $\dfrac{\sqrt{60}}{\sqrt{5}}$

考えてみよう 3 $\sqrt{2}=1.41$ とするとき，$\sqrt{20000}$ の値を求めてみよう。

検印

KEY 27
根号を含む式の加法・減法

① $\sqrt{k^2 a}=k\sqrt{a}$ を用いて，$\sqrt{}$ の中をできるだけ小さい整数にする。
② $\sqrt{a}$ を1つの文字のようにみて計算する。

例 **31** $\sqrt{75}+\sqrt{12}-\sqrt{27}$ を計算せよ。

解答 $\sqrt{75}+\sqrt{12}-\sqrt{27}=\sqrt{5^2\times3}+\sqrt{2^2\times3}-\sqrt{3^2\times3}=5\sqrt{3}+2\sqrt{3}-3\sqrt{3}=(5+2-3)\sqrt{3}=4\sqrt{3}$

39a 基本 次の式を計算せよ。

(1) $2\sqrt{3}-6\sqrt{3}+\sqrt{3}$

(2) $\sqrt{12}+\sqrt{48}$

(3) $\sqrt{12}+\sqrt{27}-\sqrt{32}$

39b 基本 次の式を計算せよ。

(1) $3\sqrt{2}-2\sqrt{5}+4\sqrt{2}-\sqrt{5}$

(2) $2\sqrt{32}+\sqrt{50}-\sqrt{72}$

(3) $\sqrt{20}-\sqrt{18}+3\sqrt{5}-\sqrt{8}$

検印

KEY 28
根号を含む式の乗法

① 分配法則や乗法公式を利用して展開する。
② KEY27にしたがって計算する。

例 32 次の式を計算せよ。

(1) $(\sqrt{2}+1)(\sqrt{3}+\sqrt{6})$

(2) $(\sqrt{3}-\sqrt{2})^2$

解答

(1) $(\sqrt{2}+1)(\sqrt{3}+\sqrt{6})=\sqrt{2}\times\sqrt{3}+\sqrt{2}\times\sqrt{6}+1\times\sqrt{3}+1\times\sqrt{6}$
$=\sqrt{6}+2\sqrt{3}+\sqrt{3}+\sqrt{6}=\mathbf{3\sqrt{3}+2\sqrt{6}}$

(2) $(\sqrt{3}-\sqrt{2})^2=(\sqrt{3})^2-2\times\sqrt{3}\times\sqrt{2}+(\sqrt{2})^2$ ◀$(a-b)^2=a^2-2ab+b^2$
$=3-2\sqrt{6}+2=\mathbf{5-2\sqrt{6}}$

40a 基本 次の式を計算せよ。

(1) $\sqrt{7}(\sqrt{21}+\sqrt{14})$

(2) $(4-\sqrt{2})(1-2\sqrt{2})$

(3) $(\sqrt{7}+\sqrt{3})^2$

(4) $(\sqrt{11}+\sqrt{5})(\sqrt{11}-\sqrt{5})$

40b 基本 次の式を計算せよ。

(1) $(\sqrt{10}-2\sqrt{2})(\sqrt{5}+2)$

(2) $(\sqrt{3}-\sqrt{2})(2\sqrt{3}+5\sqrt{2})$

(3) $(\sqrt{2}-\sqrt{6})^2$

(4) $(2\sqrt{3}-\sqrt{2})(2\sqrt{3}+\sqrt{2})$

KEY 29
分母が $\sqrt{a}$ のときは，分母と分子に $\sqrt{a}$ を掛ける。

分母の有理化(1)

例 33 $\dfrac{7}{\sqrt{28}}$ の分母を有理化せよ。

解答 $\dfrac{7}{\sqrt{28}} = \dfrac{7}{2\sqrt{7}} = \dfrac{7 \times \sqrt{7}}{2\sqrt{7} \times \sqrt{7}} = \dfrac{7\sqrt{7}}{14} = \dfrac{\sqrt{7}}{2}$

41a 基本 次の式の分母を有理化せよ。

(1) $\dfrac{2}{\sqrt{5}}$

(2) $\dfrac{\sqrt{2}}{\sqrt{3}}$

(3) $\dfrac{5}{\sqrt{20}}$

(4) $\dfrac{\sqrt{3}-1}{\sqrt{2}}$

41b 基本 次の式の分母を有理化せよ。

(1) $\dfrac{3}{\sqrt{6}}$

(2) $\dfrac{\sqrt{3}}{2\sqrt{7}}$

(3) $\dfrac{4}{\sqrt{8}}$

(4) $\dfrac{\sqrt{5}-\sqrt{2}}{\sqrt{3}}$

考えてみよう 4 例33で，$\sqrt{7}$ 以外に分母を有理化することができる数を考えてみよう。

また，その数を $\dfrac{7}{\sqrt{28}}$ の分母と分子に掛けて有理化し，答えが一致するか確かめてみよう。

検印

KEY 30
分母の有理化(2)

分母が $\sqrt{a}+\sqrt{b}$ のときは，分母と分子に $\sqrt{a}-\sqrt{b}$ を掛ける。
分母が $\sqrt{a}-\sqrt{b}$ のときは，分母と分子に $\sqrt{a}+\sqrt{b}$ を掛ける。

例 34 $\dfrac{\sqrt{5}-\sqrt{3}}{\sqrt{5}+\sqrt{3}}$ の分母を有理化せよ。

解答

$$\dfrac{\sqrt{5}-\sqrt{3}}{\sqrt{5}+\sqrt{3}} = \dfrac{(\sqrt{5}-\sqrt{3})^2}{(\sqrt{5}+\sqrt{3})(\sqrt{5}-\sqrt{3})} = \dfrac{5-2\sqrt{15}+3}{5-3}$$ ◀$(a+b)(a-b)=a^2-b^2$

$$= \dfrac{8-2\sqrt{15}}{2} = \dfrac{2(4-\sqrt{15})}{2} = 4-\sqrt{15}$$ ◀約分する。

42a 標準 次の式の分母を有理化せよ。

(1) $\dfrac{1}{\sqrt{7}+\sqrt{3}}$

(2) $\dfrac{2}{\sqrt{3}-1}$

(3) $\dfrac{\sqrt{3}-1}{\sqrt{3}+1}$

(4) $\dfrac{\sqrt{7}+\sqrt{6}}{\sqrt{7}-\sqrt{6}}$

42b 標準 次の式の分母を有理化せよ。

(1) $\dfrac{2}{\sqrt{6}-\sqrt{3}}$

(2) $\dfrac{\sqrt{3}}{2+\sqrt{5}}$

(3) $\dfrac{\sqrt{2}+1}{\sqrt{2}-1}$

(4) $\dfrac{\sqrt{6}+\sqrt{2}}{\sqrt{6}-\sqrt{2}}$

─ 発展 ─

KEY 31
二重根号をはずす

$a>0,\ b>0$ のとき　$\sqrt{(a+b)+2\sqrt{ab}}=\sqrt{a}+\sqrt{b}$

$a>b>0$ のとき　$\sqrt{(a+b)-2\sqrt{ab}}=\sqrt{a}-\sqrt{b}$

例 35 次の二重根号をはずせ。

(1) $\sqrt{8-2\sqrt{15}}$　　(2) $\sqrt{7+\sqrt{24}}$　　(3) $\sqrt{13-4\sqrt{10}}$　　(4) $\sqrt{5-\sqrt{21}}$

解答

(1) $\sqrt{8-2\sqrt{15}}=\sqrt{(5+3)-2\sqrt{5\times3}}=\sqrt{5}-\sqrt{3}$

(2) $\sqrt{7+\sqrt{24}}=\sqrt{7+2\sqrt{6}}=\sqrt{(6+1)+2\sqrt{6\times1}}=\sqrt{6}+1$　　◀ $\sqrt{1}=1$

(3) $\sqrt{13-4\sqrt{10}}=\sqrt{13-2\sqrt{40}}=\sqrt{(8+5)-2\sqrt{8\times5}}=\sqrt{8}-\sqrt{5}=2\sqrt{2}-\sqrt{5}$

(4) $\sqrt{5-\sqrt{21}}=\sqrt{\dfrac{10-2\sqrt{21}}{2}}$　　　　　◀ 分母が2の分数にして $2\sqrt{\ }$ の形を作る。

$=\dfrac{\sqrt{(7+3)-2\sqrt{7\times3}}}{\sqrt{2}}=\dfrac{\sqrt{7}-\sqrt{3}}{\sqrt{2}}$

$=\dfrac{(\sqrt{7}-\sqrt{3})\times\sqrt{2}}{\sqrt{2}\times\sqrt{2}}=\dfrac{\sqrt{14}-\sqrt{6}}{2}$　　◀ 分母を有理化する。

43a 標準 次の二重根号をはずせ。

(1) $\sqrt{3+2\sqrt{2}}$

(2) $\sqrt{6-\sqrt{20}}$

(3) $\sqrt{8+4\sqrt{3}}$

(4) $\sqrt{4+\sqrt{7}}$

43b 標準 次の二重根号をはずせ。

(1) $\sqrt{5-2\sqrt{6}}$

(2) $\sqrt{11+\sqrt{40}}$

(3) $\sqrt{14-6\sqrt{5}}$

(4) $\sqrt{2-\sqrt{3}}$

検印

例題 5 和と積を利用した式の値

$x=\sqrt{7}+\sqrt{5}$，$y=\sqrt{7}-\sqrt{5}$ のとき，次の式の値を求めよ。

(1) $x+y$　　　(2) xy　　　(3) x^2+y^2　　　発展 (4) x^3+y^3

【ガイド】 (3)，(4) 与えられた式を $x+y$，xy を用いて表す。

解答 (1) $x+y=(\sqrt{7}+\sqrt{5})+(\sqrt{7}-\sqrt{5})=2\sqrt{7}$

(2) $xy=(\sqrt{7}+\sqrt{5})(\sqrt{7}-\sqrt{5})=7-5=2$

(3) $x^2+y^2=(x+y)^2-2xy$　　　　　　　◀$(x+y)^2=x^2+2xy+y^2$
$\qquad=(2\sqrt{7})^2-2\cdot2=28-4=24$

(4) $x^3+y^3=(x+y)^3-3xy(x+y)$　　　　◀$(x+y)^3=x^3+3x^2y+3xy^2+y^3$
$\qquad=(2\sqrt{7})^3-3\cdot2\cdot2\sqrt{7}=56\sqrt{7}-12\sqrt{7}=44\sqrt{7}$　　$=x^3+y^3+3xy(x+y)$

別解 (4) $x^3+y^3=(x+y)(x^2-xy+y^2)=(x+y)\{(x^2+y^2)-xy\}$
$\qquad=2\sqrt{7}(24-2)$　　　　　　　◀(1)，(2)，(3)の結果を利用する。
$\qquad=44\sqrt{7}$

練習 5 $x=\sqrt{3}-\sqrt{2}$，$y=\sqrt{3}+\sqrt{2}$ のとき，次の式の値を求めよ。

(1) $x+y$

(2) xy

(3) x^2+y^2

発展 (4) x^3+y^3

例題 6　無理数の整数部分，小数部分

次の無理数の整数部分 a と小数部分 b を求めよ。

(1) $\sqrt{13}$ 　　　　　　　　　　　(2) $2\sqrt{6}$

【ガイド】実数 x に対して，$n \leqq x < n+1$ を満たす整数 n を x の整数部分，$x-n$ を x の小数部分という。

(1) $\sqrt{13}$ を2乗して，$\sqrt{}$ をはずした状態で（整数）^{2} との大小を調べる。

小数部分 b は，$b = \sqrt{13} - a$ を計算する。

(2) $2\sqrt{6}$ の2を $\sqrt{}$ の中に入れた $\sqrt{24}$ で考える。

◀たとえば，2.34 の整数部分は 2，小数部分は $2.34 - 2 = 0.34$

小数部分＝もとの数－整数部分

◀$2 < \sqrt{6} < 3$ より，$4 < 2\sqrt{6} < 6$ とすると，整数部分は 4 と 5 が考えられ，1つに定まらない。

◀2乗した整数 1^2，2^2，3^2，4^2，5^2，…… と比べる。

【解答】

(1) $3^2 < 13 < 4^2$ より　　$\sqrt{3^2} < \sqrt{13} < \sqrt{4^2}$

すなわち　　$3 < \sqrt{13} < 4$

よって　　$a = 3,\ b = \sqrt{13} - 3$

(2) $2\sqrt{6} = \sqrt{24}$

$4^2 < 24 < 5^2$ より　　$\sqrt{4^2} < \sqrt{24} < \sqrt{5^2}$

すなわち　　$4 < 2\sqrt{6} < 5$

よって　　$a = 4,\ b = 2\sqrt{6} - 4$

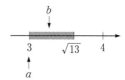

練習 6

次の無理数の整数部分 a と小数部分 b を求めよ。

(1) $\sqrt{19}$

(2) $3\sqrt{5}$

考えてみよう　5　例題6(1)で求めた $\sqrt{13}$ の小数部分 b について，$b^2 + 6b$ の値を求めてみよう。

1 不等式とその性質

KEY 32
不等式を作る

数量の大小関係を，不等号を用いて表した式を不等式という。
2つの数 a，b の大小関係は，不等号を用いて次のように表す。

a は b より大きい。	$a > b$	a は b 以上である。	$a \geqq b$
a は b より小さい。 a は b 未満である。	$a < b$	a は b 以下である。	$a \leqq b$

$$\underset{\text{左辺}}{4x-7} \underset{}{>} \underset{\text{右辺}}{30}$$
$$\underbrace{\qquad\qquad}_{\text{両辺}}$$

例 36 次の数量の大小関係を，不等号を用いて表せ。
　　　ある数 x を3倍して4を足した数は，18以上である。

解答　　$3x+4 \geqq 18$

44a 基本 次の数量の大小関係を，不等号を用いて表せ。

(1) ある数 x の4倍から6を引いた数は，16以下である。

(2) ある数 x から5を引いた数は，x の $\dfrac{1}{2}$ 倍より小さい。

44b 基本 次の数量の大小関係を，不等号を用いて表せ。

(1) 1冊 a 円のノート4冊と，1本 b 円の鉛筆3本の代金は，600円以上である。

(2) ある数 x を4倍して3を足した数は，x を7倍して4を引いた数より大きい。

例 37 次の x の値の範囲を数直線上に図示せよ。
　　　(1) $x \geqq 5$ 　　　　　(2) $x < -2$

解答　(1) 　　(2) 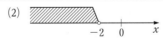　　◀数直線上の ● はその数を含み，○ はその数を含まないことを表す。

45a 基本 例37にならって，次の x の値の範囲を数直線上に図示せよ。
(1) $x \leqq 3$

(2) $x > -\sqrt{2}$

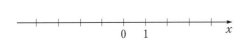

45b 基本 例37にならって，次の x の値の範囲を数直線上に図示せよ。
(1) $x \geqq 2.5$

(2) x は $-\dfrac{3}{2}$ 未満

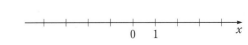

KEY 33
不等式の性質

① $a<b$ ならば　　　$a+c<b+c,$　$a-c<b-c$

② $a<b,$ $c>0$ ならば　$ac<bc,$　$\dfrac{a}{c}<\dfrac{b}{c}$

③ $a<b,$ $c<0$ ならば　$ac>bc,$　$\dfrac{a}{c}>\dfrac{b}{c}$

例 38 $a<b$ のとき，$-3a+2\ \boxed{}\ -3b+2$ の $\square$ にあてはまる不等号を書き入れよ。

解答 $a<b$ の両辺に -3 を掛けると　　　　$-3a>-3b$

$-3a>-3b$ の両辺に 2 を足すと　　　$-3a+2\ \boxed{>}\ -3b+2$

46a 基本 $a<b$ のとき，次の $\square$ にあてはまる不等号を書き入れよ。

(1) $a+4\ \boxed{}\ b+4$

(2) $-2a\ \boxed{}\ -2b$

(3) $4a-1\ \boxed{}\ 4b-1$

46b 基本 $a\geqq b$ のとき，次の $\square$ にあてはまる不等号を書き入れよ。

(1) $a-3\ \boxed{}\ b-3$

(2) $\dfrac{a}{2}\ \boxed{}\ \dfrac{b}{2}$

(3) $-\dfrac{a}{5}+2\ \boxed{}\ -\dfrac{b}{5}+2$

KEY 34
1次不等式

① x を含む項を左辺に，数の項を右辺に移項する。

② $ax>b,$ $ax\leqq b$ などの形の不等式は，両辺を a で割る。
a が負の場合は，不等号の向きが変わる。

例 39 次の1次不等式を解け。

(1) $x-2<5$　　　　　　　　(2) $-3x\geqq6$

解答 (1) $\quad x-2<5$ 　⎫ -2 を
　　　　$\quad x<5+2$ 　⎭ 移項する。

したがって　$x<7$

(2) $\quad -3x\geqq6$ 　⎫ 両辺を -3 で割る。
したがって　$x\leqq-2$ 　⎭ 不等号の向きが変わる。

47a 基本 次の1次不等式を解け。

(1) $x+3\geqq8$

(2) $5x\leqq10$

(3) $-4x<12$

47b 基本 次の1次不等式を解け。

(1) $x-2<-5$

(2) $2x>-1$

(3) $-x\geqq-6$

検印

① 不等式を $ax>b$，$ax \leqq b$ などの形にする。
② 両辺を x の係数 a で割る。

例 40 1次不等式 $2x+1>4x-3$ を解け。

解答

$$2x+1>4x-3$$
$$2x-4x>-3-1$$
$$-2x>-4$$
したがって $x<2$

1 と $4x$ を移項する。
両辺を整理する。
両辺を -2 で割る。不等号の向きが変わる。

$$2x+1>4x-3$$
$$2x-4x>-3-1$$

48a 基本 次の1次不等式を解け。

(1) $4x+9 \geqq 1$

(2) $3x>7x-4$

(3) $2x-3>x+1$

(4) $4x-9 \geqq 6x+3$

(5) $2x+6<4x+5$

48b 基本 次の1次不等式を解け。

(1) $1-2x<5$

(2) $5x+8 \leqq x$

(3) $4x+1 \geqq -2x+5$

(4) $3x-8>4x-3$

(5) $7-x \leqq 4x+2$

KEY 36　移項できるように，かっこをはずす。

かっこを含んだ場合

例 41 1次不等式 $2(x-7)>5x+1$ を解け。

解答

$$2(x-7)>5x+1$$
$$2x-14>5x+1$$
$$-3x>15$$
したがって　　$x<-5$

かっこをはずす。
移項して整理する。
両辺を -3 で割る。

49a 基本 次の1次不等式を解け。

(1) $5x-7>3(x+1)$

(2) $5(2-x)\leqq x-8$

(3) $3x+4<-2(2x+5)$

(4) $4(2x-1)\geqq 5(x+4)$

49b 基本 次の1次不等式を解け。

(1) $3(x-3)\leqq 7-x$

(2) $3x-5>4(2x-5)$

(3) $-3(4-x)\leqq 4+5x$

(4) $2(7-2x)<-7(x-6)+2$

検印

3　1次不等式(2)

両辺に同じ数を掛けて，分数や小数のない不等式にする。
① 係数が分数のときは，分母の最小公倍数を掛ける。
② 係数が小数のときは，10や100といった 10^n の形で表される数を掛ける。

例 42　次の1次不等式を解け。

(1)　$\dfrac{5x-2}{3} > \dfrac{3x+1}{2}$

(2)　$0.1x-3 \geqq 0.8x+0.5$

解答　(1)　$\dfrac{5x-2}{3} > \dfrac{3x+1}{2}$

$6 \times \dfrac{5x-2}{3} > 6 \times \dfrac{3x+1}{2}$ 〕 分母の3と2 の最小公倍数 6を両辺に掛 ける。

$2(5x-2) > 3(3x+1)$

$10x-4 > 9x+3$

したがって　$x > 7$

(2)　$0.1x-3 \geqq 0.8x+0.5$

$10(0.1x-3) \geqq 10(0.8x+0.5)$ 〕 係数を整数 にするため 10を両辺に 掛ける。

$x-30 \geqq 8x+5$

$-7x \geqq 35$

したがって　$x \leqq -5$

50a 標準 次の1次不等式を解け。

(1)　$x+5 \leqq \dfrac{1-x}{2}$

(2)　$\dfrac{x+2}{4} > \dfrac{x-1}{3}$

(3)　$0.3x+1.2 > 1.6-0.1x$

50b 標準 次の1次不等式を解け。

(1)　$\dfrac{x-3}{2} < -\dfrac{x}{5}$

(2)　$\dfrac{3}{8}x - \dfrac{1}{2} > x + \dfrac{3}{4}$

(3)　$0.1(x+1) > x+0.2$

KEY 38
1次不等式の文章題

① 適当な変数を x とおく。
② 不等式を作り，それを解く。
③ ②の解のうち，問題に適している値を求める。

例 43 2000円以下で，1個160円のりんごを何個か1つのかごに詰めて買いたい。かご代が200円かかるとき，りんごは何個まで買うことができるか。

解答 りんごを x 個買うとすると，りんご代は $160x$ 円であるから，200円のかご代と合わせた代金の合計は $(160x+200)$ 円となる。

代金を2000円以下にしたいから

$$160x+200 \leqq 2000$$

整理すると $160x \leqq 1800$

よって $x \leqq 11.25$

x は正の整数であるから，この不等式を満たす最大の値は11である。 **答** 11個まで買える。

51a 標準 ある整数を5倍して3を足した数は，もとの数を8倍して9を引いた数より大きい。このような整数の中で，最も大きい整数を求めよ。

51b 標準 1個120gのみかんを300gの箱にいくつか入れるとする。重さの合計を3kg以上にするには，みかんを少なくとも何個入れる必要があるか。

4 連立不等式

　2つの不等式の解を数直線上に表し，共通な範囲を求める。

連立不等式

例 44 連立不等式 $\begin{cases} 4x-7<5 \\ 3-2x \leqq 7x-6 \end{cases}$ を解け。

解答　$4x-7<5$ を解くと，$4x<12$ から　$x<3$　……①

　　　　$3-2x \leqq 7x-6$ を解くと，$-9x \leqq -9$ から

　　　　　　　　　　$x \geqq 1$　　……②

　　　　①と②の共通な範囲を求めて　　$1 \leqq x < 3$

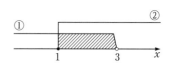

52a 標準 次の連立不等式を解け。

(1) $\begin{cases} 4x+3>7 \\ 3x-5<-x+7 \end{cases}$

(2) $\begin{cases} 3x-2 \leqq 5x-1 \\ 2x+5>2-x \end{cases}$

52b 標準 次の連立不等式を解け。

(1) $\begin{cases} 3x \leqq -x+12 \\ 2x-3 \geqq 6x+5 \end{cases}$

(2) $\begin{cases} 5x-3 \leqq 3(x+1) \\ 2(x-1)<3x-4 \end{cases}$

考えてみよう 6 連立不等式 $\begin{cases} 2x-3 \geqq -x \\ 4x+1 \leqq 2x+3 \end{cases}$ の解はどのようになるか考えてみよう。

KEY 40 　不等式 $A<B<C$ は，$A<B$ と $B<C$ が同時に成り立つことを表す。

$A<B<C$ 型

例 45 不等式 $3x \leqq 2x+6 \leqq 4x+12$ を解け。

解答

$\begin{cases} 3x \leqq 2x+6 & \cdots\cdots① \\ 2x+6 \leqq 4x+12 & \cdots\cdots② \end{cases}$

①から　　　$x \leqq 6$　　　$\cdots\cdots③$

②から　　$-2x \leqq 6$　　よって　$x \geqq -3$　　$\cdots\cdots④$

③と④の共通な範囲を求めて　　$-3 \leqq x \leqq 6$

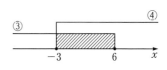

53a 標準 次の不等式を解け。

(1)　$3x-8<5x-4<4x$

53b 標準 次の不等式を解け。

(1)　$2x+3<4(x-2)<3x$

(2)　$x+2 \leqq 3x+4<6x-2$

(2)　$3(x-1) \leqq x \leqq 2(2-x)$

例題 7　絶対値を含む方程式・不等式

次の方程式，不等式を解け。

(1) $|x|=4$　　　　(2) $|x|<5$　　　　(3) $|x|\geqq 6$

(4) $|x+2|=3$　　　(5) $|x-4|<2$

【ガイド】 絶対値を含む方程式，不等式を解くときは，次のことが利用できる。

> $a>0$ のとき，方程式 $|x|=a$ の解は　$x=\pm a$
> 　　　　　不等式 $|x|<a$ の解は　$-a<x<a$
> 　　　　　不等式 $|x|>a$ の解は　$x<-a,\ a<x$

◀「$x<-a,\ a<x$」は，$x<-a$ と $a<x$ をあわせた範囲を表す。

(4)，(5)では，| | の中を 1 つの文字のようにみる。

解答
(1) $x=\pm 4$

(2) $-5<x<5$

(3) $x\leqq -6,\ 6\leqq x$　　　◀$\leqq$，$\geqq$ のときも成り立つ。

(4) $|x+2|=3$　　　　　◀$x+2=A$ とおくと　$|A|=3$
　　$x+2=\pm 3$　　　　　　よって　$A=\pm 3$
　　$x=-2\pm 3$
　　したがって　$x=1,\ -5$　　◀$-2+3=1,\ -2-3=-5$

(5) $|x-4|<2$　　　　　◀$x-4=A$ とおくと　$|A|<2$
　　$-2<x-4<2$　　　　　よって　$-2<A<2$
　　$-2+4<x<2+4$　　　◀各辺に 4 を足す。$(x-4)+4=x$
　　したがって　$2<x<6$

練習 7 次の方程式，不等式を解け。

(1) $|x|=7$　　　　(2) $|x|\leqq 1$　　　　(3) $|x|>3$

(4) $|x+5|=1$　　　(5) $|x-3|<4$　　　(6) $|x-1|>2$

例題 8 絶対値を含むやや複雑な方程式

方程式 $|x-1|=2x+4$ を解け。

【ガイド】 ｜｜の中の符号で場合分けをして｜｜をはずす。それぞれの場合で求めた方程式の解が，場合分けの条件を満たすかどうかに注意する。場合分けの条件を満たす解を合わせたものが，もとの方程式の解である。

解 答 (i) $x-1 \geqq 0$，すなわち $x \geqq 1$　　　　……①

　　　　のとき，$|x-1|=x-1$ であるから，　　　◀$A \geqq 0$ のとき　$|A|=A$

　　　　方程式は　$x-1=2x+4$

　　　　よって　$x=-5$

　　　　これは，①を満たさないから解ではない。

　　　(ii) $x-1<0$，すなわち $x<1$　　　　……②

　　　　のとき，$|x-1|=-(x-1)$ であるから，　　　◀$A<0$ のとき　$|A|=-A$

　　　　方程式は　$-(x-1)=2x+4$

　　　　よって　$x=-1$

　　　　これは，②を満たすから解である。

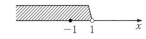

　　　(i)，(ii)から，求める解は　$\boldsymbol{x=-1}$　　　◀(i)，(ii)の解を合わせたものが，もとの方程式の解である。

練 習
8 次の方程式を解け。

　　(1) $|x|=3x+8$　　　　　　　　(2) $|x+1|=2x-1$

1 関数，$y=ax^2$ のグラフ

KEY 41
関数

x の値が1つ決まると，それに対応する y の値がただ1つ決まるとき，y は x の関数であるという。変数 x のとり得る値の範囲を，この関数の定義域という。

例 46 2000 m の道のりを毎分 50 m で歩く。歩きはじめてから x 分後の残りの道のりを y m として，y を x の式で表せ。また，定義域を示せ。

解答 $y=2000-50x$ 　　　定義域は　　$0 \leqq x \leqq 40$ 　　◀ $x \geqq 0$ かつ $2000-50x \geqq 0$

54a 基本 42 km の道のりを毎時 7 km で走る。走りはじめてから x 時間後の残りの道のりを y km として，y を x の式で表せ。また，定義域を示せ。

54b 基本 長さ 18 cm のろうそくがある。このろうそくは，火をつけると，1分間で 2 cm ずつ短くなる。x 分後のろうそくの長さを y cm として，y を x の式で表せ。また，定義域を示せ。

検
印

KEY 42
関数の値

関数 $y=f(x)$ において，$f(a)$ の値は x に a を代入して計算する。

例 47 関数 $f(x)=-x^2+1$ において，$f(-1)$，$f(0)$，$f(a+1)$ の値を求めよ。

解答 $f(-1)=-(-1)^2+1=-1+1=0$，$f(0)=-0^2+1=1$
$f(a+1)=-(a+1)^2+1=-(a^2+2a+1)+1=-a^2-2a$

55a 基本 関数 $f(x)=x^2-1$ において，$f(3)$，$f(0)$，$f(a-1)$ の値を求めよ。

55b 基本 関数 $f(x)=-x^2-x$ において，$f(2)$，$f(-2)$，$f(2a)$ の値を求めよ。

検
印

KEY 43
関数の値域

関数 $y=f(x)$ において，x が定義域のすべての値をとるとき，それに対応して y がとり得る値の範囲を，この関数の値域という。

例 48 関数 $y=-2x+4$ $(0\leqq x\leqq 3)$ のグラフをかけ。
また，値域を求めよ。

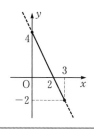

解答 グラフは右の図のようになる。
また，値域は　$-2\leqq y\leqq 4$

56a [基本] 関数 $y=3x+2$ $(-2\leqq x\leqq 0)$ のグラフをかけ。また，値域を求めよ。

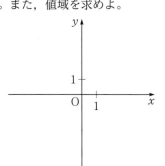

56b [基本] 関数 $y=-\dfrac{1}{2}x-1$ $(-4\leqq x\leqq 2)$ のグラフをかけ。また，値域を求めよ。

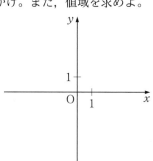

KEY 44
$y=ax^2$ のグラフ

$y=ax^2$ のグラフは，軸が y 軸，頂点が原点の放物線で，
$a>0$ のとき下に凸，　$a<0$ のとき上に凸

例 49 2次関数 $y=3x^2$ のグラフをかけ。

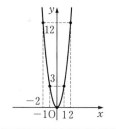

解答 x と y の対応表は次のようになる。

x	$\cdots$	-3	-2	-1	0	1	2	3	$\cdots$
$3x^2$	$\cdots$	27	12	3	0	3	12	27	$\cdots$

したがって，グラフは右の図のようになる。

57a [基本] 2次関数 $y=2x^2$ について，次の表を完成し，そのグラフをかけ。

x	$\cdots$	-3	-2	-1	0	1	2	3	$\cdots$
$2x^2$	$\cdots$								$\cdots$

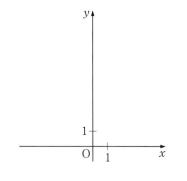

57b [基本] 2次関数 $y=-x^2$ について，次の表を完成し，そのグラフをかけ。

x	$\cdots$	-3	-2	-1	0	1	2	3	$\cdots$
$-x^2$	$\cdots$								$\cdots$

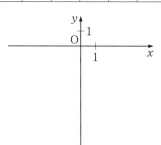

検印

2 2次関数のグラフの移動(1)

KEY 45
$y=ax^2+q$ のグラフ

$y=ax^2+q$ のグラフは，$y=ax^2$ のグラフを
　　y 軸方向に q
だけ平行移動した放物線で，
　　軸は y 軸(直線 $x=0$)
　　頂点は点$(0,\ q)$

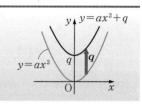

例 50 2次関数 $y=3x^2+3$ のグラフの軸と頂点を求め，そのグラフをかけ。

解答 $y=3x^2+3$ のグラフは，$y=3x^2$ のグラフを
　　　　y 軸方向に 3
だけ平行移動した放物線で，
　　　　軸は y 軸，頂点は点$(0,\ 3)$
よって，グラフは右の図のようになる。

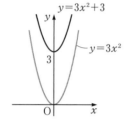

58a 基本 次の2次関数のグラフの軸と頂点を
求め，そのグラフをかけ。

(1) $y=x^2+1$

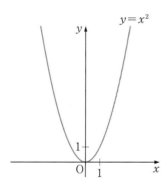

(2) $y=x^2-2$

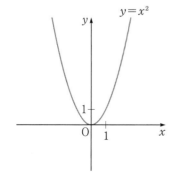

58b 基本 次の2次関数のグラフの軸と頂点を
求め，そのグラフをかけ。

(1) $y=-2x^2+3$

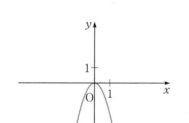

(2) $y=-2x^2-1$

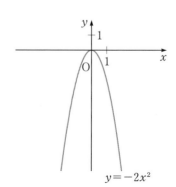

検
印

KEY 46

$y=a(x-p)^2$ のグラフ

$y=a(x-p)^2$ のグラフは，$y=ax^2$ のグラフを
　　x 軸方向に p
だけ平行移動した放物線で，
　　軸は直線 $x=p$
　　頂点は点$(p, 0)$

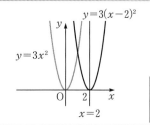

例 51 2次関数 $y=3(x-2)^2$ のグラフの軸と頂点を求め，そのグラフをかけ。

解答 $y=3(x-2)^2$ のグラフは，$y=3x^2$ のグラフを
　　x 軸方向に 2
だけ平行移動した放物線で，
　　軸は直線 $x=2$，頂点は点$(2, 0)$
よって，グラフは右の図のようになる。

59a 基本 次の2次関数のグラフの軸と頂点を
求め，そのグラフをかけ。

(1) $y=(x-2)^2$

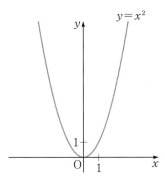

(2) $y=-(x+1)^2$

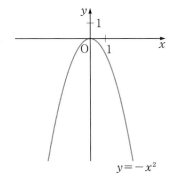

59b 基本 次の2次関数のグラフの軸と頂点を
求め，そのグラフをかけ。

(1) $y=2(x+3)^2$

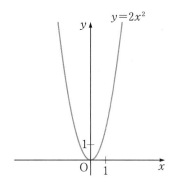

(2) $y=-2(x-2)^2$

3 2次関数のグラフの移動(2)

KEY 47

$y=a(x-p)^2+q$ の
グラフ

$y=a(x-p)^2+q$ のグラフは，$y=ax^2$ のグラフを
x 軸方向に p，y 軸方向に q
だけ平行移動した放物線で，
軸は直線 $x=p$
頂点は点$(p,\ q)$

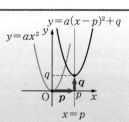

例 52 2次関数 $y=2(x-3)^2+1$ のグラフの軸と頂点を求め，そのグラフをかけ。

解答 $y=2(x-3)^2+1$ のグラフは，$y=2x^2$ のグラフを
x 軸方向に 3，y 軸方向に 1
だけ平行移動した放物線で，
軸は直線 $x=3$，頂点は点$(3,\ 1)$
よって，グラフは右の図のようになる。

60a 基本 次の2次関数のグラフの軸と頂点を
求め，そのグラフをかけ。

(1) $y=(x-2)^2+1$

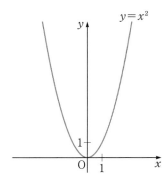

(2) $y=-(x+2)^2+3$

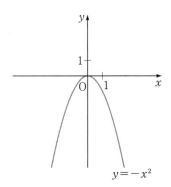

60b 基本 次の2次関数のグラフの軸と頂点を
求め，そのグラフをかけ。

(1) $y=2(x+1)^2-4$

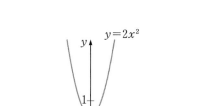

(2) $y=-\dfrac{1}{2}(x-1)^2-1$

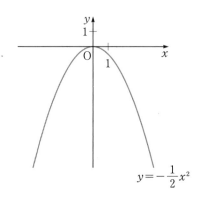

KEY 48

2次関数のグラフの平行移動

頂点の座標に注目する。

$$y=ax^2 \longrightarrow y=a(x-p)^2+q$$

頂点は原点$(0, 0)$　x軸方向に p　頂点は点(p, q)
y軸方向に q
だけ平行移動

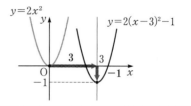

例 53 2次関数 $y=2x^2$ のグラフを，x軸方向に 3，y軸方向に -1 だけ平行移動した放物線をグラフとする2次関数を $y=a(x-p)^2+q$ の形で求めよ。

解答 求める2次関数のグラフは，$y=2x^2$ のグラフを頂点が点$(3, -1)$になるように平行移動した放物線である。
したがって　$y=2(x-3)^2-1$

61a 基本 2次関数 $y=3x^2$ のグラフを，次のように平行移動した放物線をグラフとする2次関数を $y=a(x-p)^2+q$ の形で求めよ。

(1) y軸方向に 1

(2) x軸方向に -4

(3) x軸方向に 1，y軸方向に 4

(4) x軸方向に -3，y軸方向に 2

61b 基本 2次関数 $y=-2x^2$ のグラフを，次のように平行移動した放物線をグラフとする2次関数を $y=a(x-p)^2+q$ の形で求めよ。

(1) y軸方向に 5

(2) x軸方向に -1

(3) x軸方向に 2，y軸方向に -3

(4) x軸方向に -4，y軸方向に -1

検印

4 $y=ax^2+bx+c$ の変形

KEY 49

$y=(x-p)^2+q$ の形に変形

① 次の等式を利用して，平方の差を作る。

$$x^2+mx=\left(x+\frac{m}{2}\right)^2-\left(\frac{m}{2}\right)^2 \qquad x^2-mx=\left(x-\frac{m}{2}\right)^2-\left(\frac{m}{2}\right)^2$$

半分　　　　　　　　　　　　　　半分

② 定数項を計算する。

例 54 次の2次関数を $y=(x-p)^2+q$ の形に変形せよ。

(1) $y=x^2+4x-3$ 　　　　　　 (2) $y=x^2-3x+1$

解答 (1) $y=x^2+4x-3=(x+2)^2-2^2-3=(x+2)^2-7$

(2) $y=x^2-3x+1=\left(x-\dfrac{3}{2}\right)^2-\left(\dfrac{3}{2}\right)^2+1=\left(x-\dfrac{3}{2}\right)^2-\dfrac{9}{4}+\dfrac{4}{4}=\left(x-\dfrac{3}{2}\right)^2-\dfrac{5}{4}$

62a 基本 次の2次関数を $y=(x-p)^2+q$ の形に変形せよ。

(1) $y=x^2+2x$

(2) $y=x^2+4x+5$

(3) $y=x^2+3x$

(4) $y=x^2+x-2$

62b 基本 次の2次関数を $y=(x-p)^2+q$ の形に変形せよ。

(1) $y=x^2-6x+2$

(2) $y=x^2-8x-1$

(3) $y=x^2-x+5$

(4) $y=x^2+5x-3$

KEY 50

$y=a(x-p)^2+q$ の形に変形

① 定数項以外を x^2 の係数でくくる。
② { }の中で平方の差を作る。
③ { }をはずし，定数項を計算する。

例 55 次の 2 次関数を $y=a(x-p)^2+q$ の形に変形せよ。

(1) $y=2x^2+8x+1$ 　　　　(2) $y=-x^2-2x+5$

解答 (1) $y=2x^2+8x+1=2(x^2+4x)+1=2\{(x+2)^2-2^2\}+1=2(x+2)^2-8+1=2(x+2)^2-7$

(2) $y=-x^2-2x+5=-(x^2+2x)+5=-\{(x+1)^2-1^2\}+5=-(x+1)^2+1+5=-(x+1)^2+6$

63a 基本 次の 2 次関数を $y=a(x-p)^2+q$ の形に変形せよ。

(1) $y=2x^2-4x$

(2) $y=4x^2+16x+3$

(3) $y=-x^2+6x-1$

(4) $y=-x^2-x+3$

63b 基本 次の 2 次関数を $y=a(x-p)^2+q$ の形に変形せよ。

(1) $y=3x^2-6x-2$

(2) $y=2x^2+4x-1$

(3) $y=-2x^2-8x-3$

(4) $y=\dfrac{1}{2}x^2-x$

検印

5 $y=ax^2+bx+c$ のグラフ

KEY 51
$y=ax^2+bx+c$ の
グラフ

$y=a(x-p)^2+q$ の形に変形して，軸の式と頂点の座標を求める。
$a>0$ のとき下に凸　　$a<0$ のとき上に凸
y 軸との交点は点$(0,\ c)$

例 56 2次関数 $y=2x^2-4x+5$ のグラフの軸と頂点を求め，そのグラフをかけ。

解答　$y=2x^2-4x+5=2(x-1)^2+3$
よって，この関数のグラフは，
**　　軸が直線 $x=1$，頂点が点$(1,\ 3)$**
の下に凸の放物線である。
また，y 軸との交点は点$(0,\ 5)$である。
したがって，グラフは右の図のようになる。

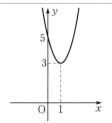

64a 基本 次の2次関数のグラフの軸と頂点を
求め，そのグラフをかけ。

(1) $y=x^2-2x-3$

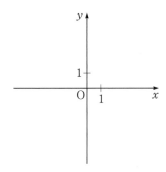

64b 基本 次の2次関数のグラフの軸と頂点を
求め，そのグラフをかけ。

(1) $y=2x^2+4x+1$

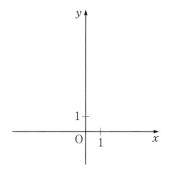

(2) $y=-x^2+6x-5$

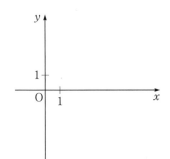

(2) $y=-2x^2+8x-3$

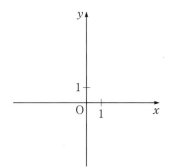

検
印

60

KEY 52

放物線の平行移動

放物線を平行移動しても，それらを表す2次関数の x^2 の係数は変わらない。
放物線の頂点の移動に着目する。

例 57 放物線 $y=2x^2+4x+5$ を x 軸方向に 4，y 軸方向に -5 だけ平行移動した放物線をグラフとする2次関数を求めよ。

解答 $y=2x^2+4x+5=2(x+1)^2+3$ から，頂点は点 $(-1,\ 3)$ である。
この放物線を x 軸方向に 4，y 軸方向に -5 だけ平行移動すると，その頂点の座標は

$$(-1+4,\ 3-5)$$

すなわち $(3,\ -2)$

x^2 の係数はもとの放物線と等しいから，求める2次関数は

$$y=2(x-3)^2-2 \quad \text{すなわち} \quad \mathbf{y=2x^2-12x+16}$$

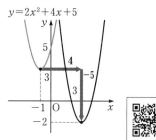

65a 標準 放物線 $y=x^2-2x+4$ を x 軸方向に -3，y 軸方向に -8 だけ平行移動した放物線をグラフとする2次関数を求めよ。

65b 標準 放物線 $y=-x^2-4x+4$ を x 軸方向に -1，y 軸方向に -9 だけ平行移動した放物線をグラフとする2次関数を求めよ。

考えてみよう 7 次の □ に適切な式を入れてみよう。

2次関数 $y=ax^2+bx+c$ の式は，次のように $y=a(x-p)^2+q$ の形に変形できる。

$$y=ax^2+bx+c=a\left(x^2+\frac{b}{a}x\right)+c=a\left\{\left(x+\frac{b}{\boxed{}}\right)^2-\left(\frac{b}{\boxed{}}\right)^2\right\}+c$$

$$=a\left(x+\frac{b}{\boxed{}}\right)^2-\frac{b^2}{\boxed{}}+c=a\left(x+\frac{b}{\boxed{}}\right)^2-\frac{\boxed{}}{\boxed{}}$$

これより，2次関数 $y=ax^2+bx+c$ のグラフは，$y=ax^2$ のグラフを平行移動した放物線で，

軸は直線 $x=\boxed{}$，頂点は点 $\left(\boxed{},\ \boxed{}\right)$ である。

6 2次関数の最大・最小

KEY 53
定義域に制限がない場合

$y=ax^2+bx+c$ を $y=a(x-p)^2+q$ の形に変形する。
$a>0$ のとき，$x=p$ で最小値 q をとり，最大値はない。
$a<0$ のとき，$x=p$ で最大値 q をとり，最小値はない。

例 58　2次関数 $y=2x^2-4x+3$ に最大値，最小値があれば，それを求めよ。

解答
$y=2x^2-4x+3$
$\quad=2(x-1)^2+1$
よって，y は $x=1$ で最小値 1 をとり，
$\qquad$ 最大値はない。

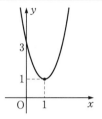

66a 基本 次の2次関数に最大値，最小値があれば，それを求めよ。

(1) $y=2(x-3)^2+5$

(2) $y=x^2+2x-5$

(3) $y=-2x^2-8x-3$

66b 基本 次の2次関数に最大値，最小値があれば，それを求めよ。

(1) $y=3x^2-6x+1$

(2) $y=-x^2-6x$

(3) $y=-x^2+3x+2$

KEY 54
定義域に制限がある場合 頂点の x 座標が定義域に含まれているかどうかに注目し，頂点の y 座標や定義域の両端における y 座標を調べる。

例 59 2 次関数 $y=2x^2-4x+1$ $(-1 \leqq x \leqq 2)$ の最大値および最小値を求めよ。

解答 $y=2(x-1)^2-1$ より，このグラフの頂点は点 $(1,\ -1)$ である。
$-1 \leqq x \leqq 2$ におけるグラフは，右の図の実線で表された部分
である。
よって，y は　$x=-1$ で最大値 7，
　　　　　　　　$x=1$ で最小値 -1
をとる。

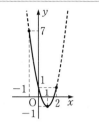

67a 基本 次の 2 次関数の最大値および最小値を求めよ。

(1) $y=x^2-2x-2$ $(0 \leqq x \leqq 3)$

(2) $y=x^2+4x$ $(-1 \leqq x \leqq 1)$

(3) $y=-x^2+4x-1$ $(-1 \leqq x \leqq 3)$

67b 基本 次の 2 次関数の最大値および最小値を求めよ。

(1) $y=2x^2+4x-3$ $(-2 \leqq x \leqq 1)$

(2) $y=-x^2+6x-3$ $(-1 \leqq x \leqq 1)$

(3) $y=x^2+2x-1$ $(-2 \leqq x \leqq 0)$

検印

KEY 55

最大・最小の文章題

① 適当な変数を x とおく。
② x のとり得る値の範囲を求める。
③ 最大値，最小値を求めようとしている量を y とし，y を x の関数で表す。
④ ②の x の値の範囲を定義域として考え，y の最大値，最小値を求める。

例 60 直角をはさむ 2 辺 AC，BC の長さの和が10であるような直角三角形 ABC がある。斜辺 AB の長さの平方の最小値を求めよ。また，そのときの AC の長さを求めよ。

解答 AC の長さを x とすると，BC の長さは $10-x$ である。

辺の長さは正であるから　$x>0$ かつ $10-x>0$

よって　　$0<x<10$　　　　　　　　……①

斜辺 AB の長さの平方を y とすると

$$y=x^2+(10-x)^2=2x^2-20x+100=2(x-5)^2+50$$

①の範囲におけるグラフは，右の図の実線で表された部分である。

よって，y は $x=5$ で最小値50をとる。

答　**AC が 5 のとき，最小値は50**

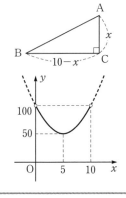

68a 標準 長さ 12 の線分 AB 上に点 P をとり，AP，PB をそれぞれ 1 辺とする 2 つの正方形を作る。このとき，2 つの正方形の面積の和の最小値を求めよ。また，そのときの AP の長さを求めよ。

68b 標準 長さ 16 cm の針金を折り曲げて作る長方形の面積の最大値を求めよ。また，そのときの縦と横の長さを求めよ。

7 2次関数の決定

KEY 56
頂点と通る1点

① 頂点が点(p, q)のとき，求める2次関数は，$y=a(x-p)^2+q$ とおける。
② 頂点以外に通る点の条件から，a の値を求める。

例 61 頂点が点$(1, 2)$で，点$(3, 6)$を通る放物線をグラフとする2次関数を求めよ。

解答 頂点が点$(1, 2)$であるから，求める2次関数は $y=a(x-1)^2+2$ と表される。
このグラフが点$(3, 6)$を通るから，$x=3$ のとき $y=6$ である。
よって　　$6=a(3-1)^2+2$　　　これを解いて　　$a=1$
したがって，求める2次関数は　　$y=(x-1)^2+2$　　すなわち　　$\boldsymbol{y=x^2-2x+3}$

69a [標準] グラフが次の条件を満たすような
2次関数を求めよ。

(1) 頂点が点$(2, 1)$で，点$(4, 5)$を通る。

(2) 頂点が点$(-2, 1)$で，点$(-1, 0)$を通る。

69b [標準] グラフが次の条件を満たすような
2次関数を求めよ。

(1) 頂点が点$(2, -3)$で，点$(3, 1)$を通る。

(2) 頂点が点$(-1, -4)$で，y軸との交点が
点$(0, -2)$である。

① 軸が直線 $x=p$ のとき，求める2次関数は，$y=a(x-p)^2+q$ とおける。
② 通る2点の条件から，a，q の値を求める。

例 62 軸が直線 $x=-1$ で，2点$(1,\ 2)$，$(-2,\ -4)$を通る放物線をグラフとする2次関数を求めよ。

解答 軸が直線 $x=-1$ であるから，求める2次関数は $y=a(x+1)^2+q$ と表される。

このグラフが2点$(1,\ 2)$，$(-2,\ -4)$を通るから
$$\begin{cases} 2=a(1+1)^2+q \\ -4=a(-2+1)^2+q \end{cases}$$

整理すると $\begin{cases} 4a+q=2 \\ a+q=-4 \end{cases}$ これを解いて $a=2,\ q=-6$

したがって，求める2次関数は $y=2(x+1)^2-6$ すなわち $\boldsymbol{y=2x^2+4x-4}$

70a 標準 グラフが次の条件を満たすような2次関数を求めよ。

(1) 軸が直線 $x=2$ で，2点$(0,\ 5)$，$(3,\ -1)$を通る。

70b 標準 グラフが次の条件を満たすような2次関数を求めよ。

(1) 軸が直線 $x=-1$ で，2点$(-2,\ 7)$，$(2,\ -9)$を通る。

(2) 軸が y 軸で，2点$(2,\ -1)$，$(-4,\ 5)$を通る。

(2) 軸が直線 $x=\dfrac{1}{2}$ で，2点$(1,\ 1)$，$(-1,\ 3)$を通る。

KEY 58
通る3点

① 求める2次関数を $y=ax^2+bx+c$ とおく。
② 通る点の条件から，a，b，c に関する連立方程式を作る。
③ ②の連立方程式を解いて，a，b，c の値を求める。

例 63 3点$(0, 1)$，$(1, 0)$，$(2, 1)$を通る放物線をグラフとする2次関数を求めよ。

解答 求める2次関数を $y=ax^2+bx+c$ とする。

このグラフが3点$(0, 1)$，$(1, 0)$，$(2, 1)$を通るから

$$\begin{cases} c=1 & \cdots\cdots① \\ a+b+c=0 & \cdots\cdots② \\ 4a+2b+c=1 & \cdots\cdots③ \end{cases}$$

①を②，③に代入して $\quad a+b=-1 \qquad\qquad \cdots\cdots④$

$\qquad\qquad\qquad\qquad\qquad 4a+2b=0 \qquad\qquad \cdots\cdots⑤$

④，⑤を連立させて解いて $\quad a=1$，$b=-2$

したがって，求める2次関数は $\quad \boldsymbol{y=x^2-2x+1}$

71a 標準 3点$(0, 2)$，$(1, 0)$，$(2, -4)$を通る
放物線をグラフとする2次関数を求めよ。

71b 標準 3点$(-1, 2)$，$(2, 5)$，$(0, -1)$を通
る放物線をグラフとする2次関数を求めよ。

例題 9 グラフの平行移動

放物線 $y=2x^2-4x-1$ を，x 軸方向に 3，y 軸方向に -2 だけ平行移動して得られる放物線の
方程式を求めよ。

- -

【ガイド】 放物線 $y=ax^2$ を，x 軸方向に p，y 軸方向に q だけ平行移動した放物線は $y=a(x-p)^2+q$ と表される。
これを $y-q=a(x-p)^2$ と変形すると，この式は $y=ax^2$ の
$$x \text{ を } x-p, \quad y \text{ を } y-q$$
におきかえた式になっていることがわかる。同様に考えると，次のことが成り立つ。

> 放物線 $y=ax^2+bx+c$ を
> x 軸方向に p，y 軸方向に q だけ平行移動した放物線は
> $$y-q=a(x-p)^2+b(x-p)+c$$
> と表される。

◀ x を $x-p$，y を $y-q$ におきかえる。

解 答 求める放物線の方程式は
$$y-(-2)=2(x-3)^2-4(x-3)-1$$
すなわち $\quad y=2x^2-16x+27$

◀ x を $x-3$，y を $y-(-2)$ におきかえる。

練習 9 放物線 $y=-x^2-4x+1$ を，次のように平行移動して得られる放物線の方程式を求めよ。

(1) x 軸方向に 2，y 軸方向に 1

(2) x 軸方向に -2，y 軸方向に -3

検
印

例題 **10** グラフの対称移動

放物線 $y=x^2+2x+3$ を，次の直線または点に関してそれぞれ対称移動して得られる放物線の方程式を求めよ。

(1) x 軸   (2) y 軸   (3) 原点

【ガイド】 右の図のように，点$(a,\ b)$は
        x 軸に関する対称移動で点$(a,\ -b)$
        y 軸に関する対称移動で点$(-a,\ b)$
        原点に関する対称移動で点$(-a,\ -b)$
にそれぞれ移される。
一般に，次のことが成り立つ。

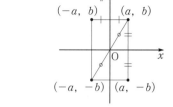

> 関数 $y=f(x)$ のグラフを，x 軸，y 軸，原点に関してそれぞれ
> 対称移動して得られるグラフの方程式は，次のようになる。
> x 軸に関する対称移動 $-y=f(x)$
> y 軸に関する対称移動 $y=f(-x)$
>   原点に関する対称移動 $-y=f(-x)$

◀ y を $-y$ におきかえる。
◀ x を $-x$ におきかえる。
◀ x を $-x$，y を $-y$ におきかえる。

解答 (1) 求める放物線の方程式は $-y=x^2+2x+3$ ◀ y を $-y$ におきかえる。
        すなわち $y=-x^2-2x-3$

    (2) 求める放物線の方程式は $y=(-x)^2+2(-x)+3$ ◀ x を $-x$ におきかえる。
        すなわち $y=x^2-2x+3$

    (3) 求める放物線の方程式は $-y=(-x)^2+2(-x)+3$ ◀ x を $-x$，y を $-y$ におきかえる。
        すなわち $y=-x^2+2x-3$

練習 10 放物線 $y=-2x^2+4x+1$ を，次の直線または点に関してそれぞれ対称移動して得られる放物線の方程式を求めよ。

(1) x 軸

(2) y 軸

(3) 原点

連立 3 元 1 次方程式 $\begin{cases} a+b+c=4 \\ 4a+2b+c=11 \\ 9a+3b+c=22 \end{cases}$ を解け。

【ガイド】 まず，消去しやすい文字 c を消去して，a と b の連立方程式を導き，それを解く。

解 答 $\begin{cases} a+b+c=4 & \cdots\cdots① \\ 4a+2b+c=11 & \cdots\cdots② \\ 9a+3b+c=22 & \cdots\cdots③ \end{cases}$

②－①から $3a+b=7$ $\cdots\cdots④$ ◀c を消去する。

③－②から $5a+b=11$ $\cdots\cdots⑤$

④，⑤から $a=2,\ b=1$

これらの値を①に代入して $c=1$

よって $\boldsymbol{a=2,\ b=1,\ c=1}$

②－①から
$$\begin{array}{r} 4a+2b+\ c=11 \\ -)\ \ a+\ b+\ c=\ 4 \\ \hline 3a+\ b\ \ \ \ \ =\ 7 \end{array}$$

③－②から
$$\begin{array}{r} 9a+3b+\ c=22 \\ -)4a+2b+\ c=11 \\ \hline 5a+\ b\ \ \ \ \ =11 \end{array}$$

練習 11

(1) 連立 3 元 1 次方程式 $\begin{cases} a-b+c=4 \\ 4a+2b+c=1 \\ 9a+3b+c=-4 \end{cases}$ を解け。

(2) 3 点 $(1,\ -1),\ (2,\ 5),\ (3,\ 13)$ を通る放物線をグラフとする 2 次関数を求めよ。

例題 12　最大値・最小値が与えられた 2 次関数の決定

$x=-1$ で最小値 2 をとり，$x=-2$ のとき $y=4$ であるような 2 次関数を求めよ。

【ガイド】 ① 最大値や最小値に関する条件が与えられたとき，求める 2 次関数は，次のようにおける。

$x=p$ で最大値 q をとるとき　$y=a(x-p)^2+q$　ただし　$a<0$

$x=p$ で最小値 q をとるとき　$y=a(x-p)^2+q$　ただし　$a>0$

② 残りの条件から，a の値を求める。このとき，①の a の符号に適しているかを確認する。

解答 $x=-1$ で最小値 2 をとるから，求める 2 次関数は　$y=a(x+1)^2+2$　ただし　$a>0$

と表される。$x=-2$ のとき $y=4$ となるから　$4=a+2$

これを解いて　$a=2$　　これは，$a>0$ を満たす。

したがって，求める 2 次関数は　$y=2(x+1)^2+2$　　すなわち　$\boldsymbol{y=2x^2+4x+4}$

練習 12 グラフが次の条件を満たすような 2 次関数を求めよ。

(1) $x=-3$ で最大値 7 をとり，$x=-4$ のとき $y=5$ である。

(2) $x=1$ で最小値をとり，グラフが 2 点 $(2,\ -1)$，$(-1,\ 5)$ を通る。

例題 13 　定義域が変化するときの最大値・最小値

2次関数 $y = x^2 - 4x + 5$ $(0 \leq x \leq a)$ の最小値を，次の場合について求めよ。

(1) $0 < a < 2$　　　　　　　　　(2) $2 \leq a$

───

【ガイド】 a の値の範囲によって，放物線の軸が定義域内にあるかないかに注意する。

解答　$y = x^2 - 4x + 5 = (x-2)^2 + 1$ より，軸は直線 $x = 2$ である。

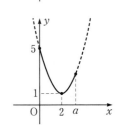

(1) $0 < a < 2$ のとき，　　　　　　　◀軸が定義域内にない。

$0 \leq x \leq a$ におけるグラフは，右の図の
実線で表された部分である。

よって，y は

$\qquad x = a$ で最小値 $a^2 - 4a + 5$

をとる。

(2) $2 \leq a$ のとき，　　　　　　　　◀軸が定義域内にある。

$0 \leq x \leq a$ におけるグラフは，右の図の
実線で表された部分である。

よって，y は

$\qquad x = 2$ で最小値 1

をとる。

═══

練習 13　2次関数 $y = -x^2 + 6x - 5$ $(0 \leq x \leq a)$ の最大値を，次の場合について求めよ。

(1) $0 < a < 3$

(2) $3 \leq a$

例題 **14** 軸が変化するときの最大値・最小値

2 次関数 $y=x^2-2ax+1$ $(0\leqq x\leqq 1)$ の最小値を，次の場合について求めよ。

(1)　$a<0$ 　　　　　　(2)　$0\leqq a\leqq 1$ 　　　　　　(3)　$1<a$

【ガイド】 a の値の範囲によって，放物線の軸が定義域内にあるかないかに注意する。

解答 $y=x^2-2ax+1=(x-a)^2-a^2+1$

より，軸は直線 $x=a$ である。

(1)　$a<0$ のとき，　　　　◀軸が定義域の左側にある。

$0\leqq x\leqq 1$ におけるグラフは，右の図の実線で表された部分である。

よって，y は $x=0$ で最小値 **1** をとる。

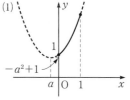

(2)　$0\leqq a\leqq 1$ のとき，　　　　◀軸が定義域内にある。

$0\leqq x\leqq 1$ におけるグラフは，右の図の実線で表された部分である。

よって，y は $x=a$ で最小値 $-a^2+1$ をとる。

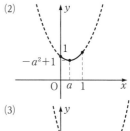

(3)　$1<a$ のとき，　　　　◀軸が定義域の右側にある。

$0\leqq x\leqq 1$ におけるグラフは，右の図の実線で表された部分である。

よって，y は $x=1$ で最小値 $-2a+2$ をとる。

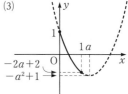

練習 14 2 次関数 $y=x^2-4ax+1$ $(0\leqq x\leqq 2)$ の最小値を，次の場合について求めよ。

(1)　$a<0$

(2)　$0\leqq a\leqq 1$

(3)　$1<a$

1 2次方程式の解法

KEY 59
因数分解による解法

① 2次方程式の左辺を因数分解する。
② $AB=0$ のとき，$A=0$ または $B=0$ を利用する。

例 64 2次方程式 $3x^2-4x-15=0$ を解け。

解答 左辺を因数分解して $(x-3)(3x+5)=0$

よって $x-3=0$ または $3x+5=0$ したがって $x=3,\ -\dfrac{5}{3}$

72a 基本 次の2次方程式を解け。

(1) $x^2-5x+4=0$

(2) $x^2-25=0$

(3) $2x^2+3x+1=0$

(4) $2x^2-7x+3=0$

(5) $3x^2+7x-6=0$

72b 基本 次の2次方程式を解け。

(1) $2x^2-3x=0$

(2) $x^2-5x-6=0$

(3) $4x^2-4x+1=0$

(4) $2x^2-3x-2=0$

(5) $6x^2-13x+6=0$

検
印

KEY 60
解の公式

2次方程式 $ax^2+bx+c=0$ の解は $x=\dfrac{-b\pm\sqrt{b^2-4ac}}{2a}$

例 65 次の2次方程式を解け。

(1) $3x^2+x-1=0$ 　　　　　　(2) $x^2-4x-6=0$

解答 (1) $x=\dfrac{-1\pm\sqrt{1^2-4\cdot3\cdot(-1)}}{2\cdot3}=\dfrac{-1\pm\sqrt{13}}{6}$

(2) $x=\dfrac{-(\ 4)\pm\sqrt{(\ 4)^2-4\cdot1\cdot(-6)}}{2\cdot1}=\dfrac{4\pm\sqrt{40}}{2}=\dfrac{4\pm2\sqrt{10}}{2}=2\pm\sqrt{10}$

73a 基本 次の2次方程式を解け。

(1) $x^2+5x+2=0$

(2) $2x^2-3x-3=0$

(3) $x^2-6x+6=0$

73b 基本 次の2次方程式を解け。

(1) $2x^2-x-4=0$

(2) $x^2+4x-7=0$

(3) $5x^2+12x+6=0$

考えてみよう 8 2次方程式 $ax^2+2b'x+c=0$ の解は，$x=\dfrac{-b'\pm\sqrt{b'^2-ac}}{a}$ で表される。この公式を用いて，**例65**(2)の2次方程式を解いてみよう。

検印

2次方程式 $ax^2+bx+c=0$ の判別式を $D=b^2-4ac$ とすると

$D>0$ のとき，異なる2個の実数解をもつ

$D=0$ のとき，1個の実数解（重解）をもつ ⎫ $D\geqq0$ のとき，実数解をもつ

$D<0$ のとき，実数解をもたない

例 66 次の2次方程式の実数解の個数を求めよ。

(1) $x^2+3x-1=0$　　　(2) $4x^2-12x+9=0$　　　(3) $2x^2-4x+3=0$

解答 与えられた2次方程式の判別式を D とする。

(1) $D=3^2-4\cdot1\cdot(-1)=13>0$ であるから　**2個**

(2) $D=(-12)^2-4\cdot4\cdot9=0$ であるから　**1個**

(3) $D=(-4)^2-4\cdot2\cdot3=-8<0$ であるから　**0個**

74a 基本 次の2次方程式の実数解の個数を求めよ。

(1) $x^2-4x-6=0$

(2) $2x^2+6x+7=0$

(3) $x^2-8x+16=0$

74b 基本 次の2次方程式の実数解の個数を求めよ。

(1) $3x^2+x-2=0$

(2) $9x^2-6x+1=0$

(3) $-x^2+5x-7=0$

考えてみよう 9 2次方程式 $ax^2+2b'x+c=0$ の判別式 D は，$D=(2b')^2-4ac=4(b'^2-ac)$ であるから，$\dfrac{D}{4}=b'^2-ac$ の符号を調べてもよい。**例66**(2)の実数解の個数を，$\dfrac{D}{4}$ を用いて求めてみよう。

例 67 2次方程式 $x^2+6x-m=0$ の解が次の条件を満たすとき，定数 m の値，または m の値の範囲を求めよ。

(1) 実数解をもつ。　　　　(2) 重解をもつ。　　　　(3) 実数解をもたない。

解答 2次方程式 $x^2+6x-m=0$ の判別式を D とする。

(1) 実数解をもつための条件は，$D \geqq 0$ が成り立つことである。

$$D=6^2-4\cdot1\cdot(-m)=36+4m$$

であるから　　　　　$36+4m \geqq 0$　　これを解いて　　**$m \geqq -9$**

(2) 重解をもつための条件は，$D=0$ が成り立つことである。

$D=36+4m$ であるから　　$36+4m=0$　　これを解いて　　**$m=-9$**

(3) 実数解をもたないための条件は，$D<0$ が成り立つことである。

$D=36+4m$ であるから　　$36+4m<0$　　これを解いて　　**$m<-9$**

75a 標準 2次方程式 $2x^2-4x-m=0$ の解が次の条件を満たすとき，定数 m の値，または m の値の範囲を求めよ。

(1) 実数解をもつ。

(2) 重解をもつ。

(3) 実数解をもたない。

75b 標準 2次方程式 $3x^2+2x-m+1=0$ の解が次の条件を満たすとき，定数 m の値，または m の値の範囲を求めよ。

(1) 実数解をもつ。

(2) 重解をもつ。

(3) 実数解をもたない。

考えてみよう 10 例67(2)において，重解を求めてみよう。

3　2次関数のグラフとx軸の共有点

KEY 62
共有点のx座標

2次関数 $y=ax^2+bx+c$ のグラフとx軸が共有点をもつとき，その共有点のx座標は，2次方程式 $ax^2+bx+c=0$ の実数解である。

例 68 2次関数 $y=x^2-3x-1$ のグラフとx軸の共有点のx座標を求めよ。

解答 $x^2-3x-1=0$ を解くと　　$x=\dfrac{-(-3)\pm\sqrt{(-3)^2-4\cdot1\cdot(-1)}}{2\cdot1}=\dfrac{3\pm\sqrt{13}}{2}$

76a 基本 次の2次関数のグラフとx軸の共有点のx座標を求めよ。

(1) $y=x^2+x-6$

(2) $y=-x^2-2x-1$

(3) $y=x^2+5x+5$

76b 基本 次の2次関数のグラフとx軸の共有点のx座標を求めよ。

(1) $y=-x^2-x+2$

(2) $y=3x^2-6x+3$

(3) $y=-2x^2+4x-1$

検
印

KEY 63
共有点の個数

2次関数 $y=ax^2+bx+c$ のグラフとx軸の共有点の個数を調べるには，2次方程式 $ax^2+bx+c=0$ の判別式 $D=b^2-4ac$ を計算すればよい。

D の符号	$D>0$	$D=0$	$D<0$
共有点の個数	2個	1個	0個

例 69 2次関数 $y=-2x^2+4x-3$ のグラフとx軸の共有点の個数を求めよ。

解答 2次方程式 $-2x^2+4x-3=0$ の判別式Dについて $D=4^2-4\cdot(-2)\cdot(-3)=-8<0$ であるから，グラフとx軸の共有点の個数は　　**0個**

77a 基本 次の 2 次関数のグラフと x 軸の共有点の個数を求めよ。

(1) $y=x^2-x+4$

(2) $y=-2x^2+4x-1$

77b 基本 次の 2 次関数のグラフと x 軸の共有点の個数を求めよ。

(1) $y=-x^2+2x-1$

(2) $y=3x^2-2x+1$

例 70 2 次関数 $y=x^2-6x+3m$ のグラフが x 軸と異なる 2 点で交わるとき，定数 m の値の範囲を求めよ。

解答 2 次方程式 $x^2-6x+3m=0$ の判別式を D とする。

グラフが x 軸と異なる 2 点で交わるための条件は，$D>0$ が成り立つことである。
$$D=(-6)^2-4\cdot1\cdot3m=36-12m$$
であるから $36-12m>0$ これを解いて $m<3$

78a 標準 2 次関数 $y=x^2-4x+2m$ のグラフが次の条件を満たすとき，定数 m の値，または m の値の範囲を求めよ。

(1) x 軸と異なる 2 点で交わる。

(2) x 軸と接する。

(3) x 軸と交わらない。

78b 標準 2 次関数 $y=-x^2+3x+m-1$ のグラフが次の条件を満たすとき，定数 m の値，または m の値の範囲を求めよ。

(1) x 軸と異なる 2 点で交わる。

(2) x 軸と接する。

(3) x 軸と交わらない。

検印

4 2次不等式(1)

KEY 64
グラフが x 軸と2点で
交わるとき

2次方程式 $ax^2+bx+c=0$ の実数解を
α, β とする。
$a>0$, $\alpha<\beta$ のとき,
① $ax^2+bx+c>0$ の解は $x<\alpha$, $\beta<x$
② $ax^2+bx+c<0$ の解は $\alpha<x<\beta$

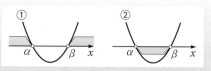

例 71 次の2次不等式を解け。

(1) $x^2-5x+6>0$ (2) $2x^2-x-1\leqq0$

解答 (1) $x^2-5x+6=0$ を解くと, $(x-2)(x-3)=0$ から $x=2$, 3
よって, 求める解は **$x<2$, $3<x$**

(2) $2x^2-x-1=0$ を解くと, $(2x+1)(x-1)=0$ から $x=-\dfrac{1}{2}$, 1

よって, 求める解は $-\dfrac{1}{2}\leqq x\leqq1$

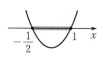

79a 基本 次の2次不等式を解け。

(1) $(x+7)(x-2)>0$

(2) $x^2-3x+2\leqq0$

(3) $x^2-9<0$

(4) $2x^2-5x-3>0$

79b 基本 次の2次不等式を解け。

(1) $x^2+x-12<0$

(2) $x^2+6x+8\geqq0$

(3) $x^2+9x>0$

(4) $6x^2-7x+2\leqq0$

例 72 2次不等式 $x^2-4x-1>0$ を解け。

解答 $x^2-4x-1=0$ を解くと，解の公式を用いて

$$x=\frac{-(-4)\pm\sqrt{(-4)^2-4\cdot1\cdot(-1)}}{2\cdot1}=\frac{4\pm\sqrt{20}}{2}=\frac{4\pm2\sqrt{5}}{2}=2\pm\sqrt{5}$$

よって，求める解は $x<2-\sqrt{5},\ 2+\sqrt{5}<x$

80a 基本 次の2次不等式を解け。

(1) $x^2+5x+3<0$

(2) $3x^2-x-1\geqq0$

(3) $x^2+2x-1<0$

80b 基本 次の2次不等式を解け。

(1) $x^2-x-3>0$

(2) $2x^2+7x+4\geqq0$

(3) $4x^2-2x-1<0$

例 73 2次不等式 $-x^2+6x-8>0$ を解け。

解答 両辺に -1 を掛けると $x^2-6x+8<0$
$x^2-6x+8=0$ を解くと，$(x-2)(x-4)=0$ から $x=2,\ 4$
よって，求める解は $2<x<4$

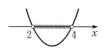

81a 基本 次の2次不等式を解け。

(1) $-x^2+3x+4\leqq 0$

(2) $-6x^2-5x+6>0$

(3) $-x^2+3x+2<0$

81b 基本 次の2次不等式を解け。

(1) $-x^2+1\geqq 0$

(2) $-2x^2+3x+5\leqq 0$

(3) $-x^2-4x+1>0$

5 2次不等式(2)

$y=ax^2+bx+c\ (a>0)$ のグラフが x 軸と接する，すなわち $ax^2+bx+c=0$ が重解 $x=\alpha$ をもつとき，

① $ax^2+bx+c>0$ の解は α 以外のすべての実数
② $ax^2+bx+c\geqq0$ の解は すべての実数
③ $ax^2+bx+c<0$ の解は ない
④ $ax^2+bx+c\leqq0$ の解は $x=\alpha$

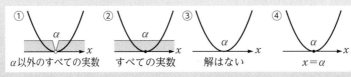

①	②	③	④
α 以外のすべての実数	すべての実数	解はない	$x=\alpha$

例 74

次の2次不等式を解け。

(1) $x^2-6x+9>0$ (2) $x^2-6x+9\geqq0$

解答 $x^2-6x+9=(x-3)^2$ と変形できるから，$y=x^2-6x+9$ のグラフは，右の図のように $x=3$ で x 軸と接している。

グラフから，$x=3$ に対して $y=0$ であり，$x=3$ 以外のすべての x の値に対して $y>0$ である。

(1) $x^2-6x+9>0$ の解は 3以外のすべての実数
(2) $x^2-6x+9\geqq0$ の解は すべての実数

82a 基本 次の2次不等式を解け。

(1) $x^2-4x+4>0$

82b 基本 次の2次不等式を解け。

(1) $x^2+2x+1>0$

(2) $x^2-4x+4\geqq0$

(2) $x^2+2x+1<0$

(3) $x^2-4x+4<0$

(3) $x^2+2x+1\geqq0$

(4) $x^2-4x+4\leqq0$

(4) $x^2+2x+1\leqq0$

検印

KEY 67
グラフが x 軸と共有
点をもたないとき

$y=ax^2+bx+c\ (a>0)$ のグラフが x 軸と共有点をもたない，
すなわち $ax^2+bx+c=0$ が実数解をもたないとき，
① $ax^2+bx+c>0$ の解は　すべての実数
② $ax^2+bx+c\geqq0$ の解は　すべての実数
③ $ax^2+bx+c<0$ の解は　ない
④ $ax^2+bx+c\leqq0$ の解は　ない

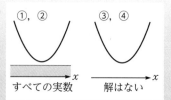

すべての実数　　解はない

例 75 次の2次不等式を解け。

(1) $x^2-4x+5>0$　　　　(2) $x^2-4x+5<0$

解答　2次方程式 $x^2-4x+5=0$ の判別式をDとすると

$$D=(-4)^2-4\cdot1\cdot5=-4<0$$

であるから，2次関数 $y=x^2-4x+5$ のグラフは，
右の図のように x 軸と共有点をもたない。
グラフから，すべての x の値に対して $y>0$ である。

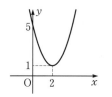

◀ $y=x^2-4x+5$
　　$=(x-2)^2+1$

(1) $x^2-4x+5>0$ の解は　すべての実数
(2) $x^2-4x+5<0$ の解は　ない

83a 基本 次の2次不等式を解け。

(1) $x^2+4x+9>0$

(2) $x^2+4x+9<0$

(3) $x^2-2x+2\geqq0$

(4) $x^2-2x+2\leqq0$

83b 基本 次の2次不等式を解け。

(1) $x^2+6x+12\leqq0$

(2) $x^2+6x+12>0$

(3) $2x^2-4x+3\geqq0$

(4) $2x^2-4x+3<0$

検
印

6　2次不等式⑶

KEY 68
2次不等式の解法

① 右辺が 0 になるように不等式を変形する。
② x^2 の係数が負の場合は，不等式の両辺に -1 を掛けて，正にする。
③ 左辺＝0 とおいた 2 次方程式について
$D>0 \longrightarrow$ KEY64　　$D=0 \longrightarrow$ KEY66　　$D<0 \longrightarrow$ KEY67

例 76 次の 2 次不等式を解け。

(1) $-x^2-2x-1>0$　　　　(2) $2x^2-2x \leqq x^2+x-2$

解答 (1) 両辺に -1 を掛けると　$x^2+2x+1<0$
2 次関数 $y=x^2+2x+1=(x+1)^2$ のグラフから，求める解は　**ない**

(2) 整理すると　$x^2-3x+2 \leqq 0$
$x^2-3x+2=0$ を解くと，$(x-1)(x-2)=0$ から　$x=1,\ 2$
よって，求める解は　$\mathbf{1 \leqq x \leqq 2}$

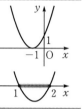

84a 基本 次の 2 次不等式を解け。

(1) $4x^2+5x-6>0$

(2) $-4x^2-4x-1 \leqq 0$

(3) $3x^2+2x<-4x+9$

84b 基本 次の 2 次不等式を解け。

(1) $3x^2-5x+1 \leqq 0$

(2) $-x^2-2x-3>0$

(3) $-x^2-4<4x-5$

例題 15　連立不等式

連立不等式 $\begin{cases} x^2 - x - 6 > 0 & \cdots\cdots ① \\ 2x + 3 \geqq -5 & \cdots\cdots ② \end{cases}$ を解け。

【ガイド】 2つの不等式の解を数直線上に表し，共通な範囲を求める。

解答　①を解くと，$(x+2)(x-3) > 0$ から　　$x < -2,\ 3 < x$　$\cdots\cdots ③$

②を解くと，$2x \geqq -8$ から

$$x \geqq -4 \qquad \cdots\cdots ④$$

③と④の共通な範囲を求めて

$$-4 \leqq x < -2,\ 3 < x$$

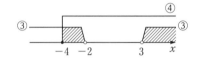

練習　次の連立不等式を解け。

15

(1) $\begin{cases} x^2 + 2x - 15 \leqq 0 \\ x < 3x - 4 \end{cases}$

(2) $\begin{cases} x^2 - 3x - 4 > 0 \\ x^2 - 4x - 12 < 0 \end{cases}$

例題 16　2次不等式の文章題

直角をはさむ2辺の長さの和が12cmで，面積が16cm² 以上の直角三角形をつくりたい。
2辺のうち短い辺の長さをどのような範囲にとればよいか。

【ガイド】
① 適当な変数を x とおく。
② x のとり得る値の範囲を求める。
③ 条件を不等式で表し，それを解く。
④ ②と③の共通な範囲を求める。

解答 短い辺の長さを $x$cm とすると，

長い辺の長さは $(12-x)$cm で

$0 < x$ かつ $x < 12-x$ 　　　◀「辺の長さは正」かつ「2辺の長さの比較」

よって　$0 < x < 6$ 　　……①

このとき，直角三角形の面積は，$\dfrac{1}{2}x(12-x)$cm² である。　◀$\dfrac{1}{2}×$（底辺）×（高さ）

面積が16cm² 以上であるから

$$\frac{1}{2}x(12-x) \geqq 16$$

$$x^2 - 12x + 32 \leqq 0$$

$$(x-4)(x-8) \leqq 0$$

よって　$4 \leqq x \leqq 8$ 　　……②

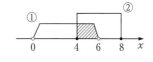

①と②の共通な範囲を求めて　$4 \leqq x < 6$

したがって，短い辺の長さを **4cm 以上6cm 未満**にすればよい。

練習 16 長さ36cmの針金を折り曲げて，面積が80cm² 以上の長方形を作りたい。長方形の短い辺の長さをどのような範囲にとればよいか。

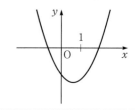

例題 **17** 2次関数の係数の符号

2次関数 $y=ax^2+bx+c$ のグラフが右の図のように与えられているとき，a，b，c および b^2-4ac，$a+b+c$ の符号を調べよ。

【ガイド】 次の点に着目して，符号を判定する。

a：グラフが上に凸か下に凸か　　　　b：軸 $x=-\dfrac{b}{2a}$ の位置と a の符号

c：グラフと y 軸との交点の y 座標　　b^2-4ac：グラフと x 軸の位置関係

$a+b+c$：$x=1$ のときの y の値

解答 軸は直線 $x=-\dfrac{b}{2a}$ である。　　　　　　　　　◀ $y=ax^2+bx+c$

下に凸であるから　$a>0$　　　　　　　　　　　　　　　$=a\left(x+\dfrac{b}{2a}\right)^2-\dfrac{b^2-4ac}{4a}$

軸 $x=-\dfrac{b}{2a}$ は $x>0$ の部分にあるから　$-\dfrac{b}{2a}>0$

$a>0$ であるから　$b<0$

y 軸との交点の y 座標は負であるから　$c<0$

x 軸と異なる2点で交わるから　$b^2-4ac>0$　　　◀ $D=b^2-4ac$

$x=1$ のときの y の値は負であるから　$a+b+c<0$　◀ $x=1$ のとき

答 $a>0$，$b<0$，$c<0$，$b^2-4ac>0$，$a+b+c<0$　　　　$y=a\cdot1^2+b\cdot1+c=a+b+c$

練習 17 2次関数 $y=ax^2+bx+c$ のグラフが次のように与えられているとき，a，b，c および b^2-4ac，$a+b+c$ の符号を調べよ。

(1)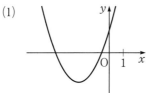

(2)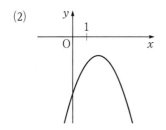

例題 18 **すべての実数に対して成り立つ不等式**

　すべての実数 x に対して，2次不等式 $x^2+mx+m+3>0$ が成り立つように，定数 m の値の範囲を定めよ。

【ガイド】 すべての実数 x に対して $x^2+mx+m+3>0$ が成り立つことは，
　$y=x^2+mx+m+3$ のグラフがつねに x 軸より上にあることと同じである。
　グラフは下に凸の放物線であるから，$D<0$ が成り立てばよい。

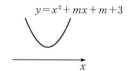

解答 　2次方程式 $x^2+mx+m+3=0$ の判別式を D とする。

　x^2 の係数は 1 で正であるから，すべての実数 x に対して，2次不等式

　$x^2+mx+m+3>0$ が成り立つための条件は，$D<0$ が成り立つことである。

$$D=m^2-4\cdot1\cdot(m+3)=m^2-4m-12$$

　であるから　　　　$m^2-4m-12<0$

　すなわち　　　　$(m+2)(m-6)<0$　　　　これを解いて　　　$-2<m<6$

練習 18　すべての実数 x に対して，次の2次不等式が成り立つように，定数 m の値の範囲を定めよ。

(1)　$x^2-2mx-m+6>0$

(2)　$-x^2-mx-m<0$

例題 **19** 2次方程式の解の符号

2次方程式 $x^2-2mx-m+2=0$ が異なる2つの正の解をもつように，定数mの値の範囲を定めよ。

【ガイド】 $y=x^2-2mx-m+2$ のグラフがx軸の正の部分と異なる2点で交わるための条件を考える。

解答 $f(x)=x^2-2mx-m+2$ とおき，$f(x)=0$ の判別式をDとする。

$$f(x)=(x-m)^2-m^2-m+2$$

から，$y=f(x)$ のグラフは下に凸の放物線で，軸は直線 $x=m$ である。

また $D=(-2m)^2-4\cdot1\cdot(-m+2)=4(m^2+m-2)$

方程式 $f(x)=0$ が異なる2つの正の解をもつには，放物線 $y=f(x)$ がx軸の正の部分と異なる2点で交わればよい。そのための条件は，次の3つが同時に成り立つことである。

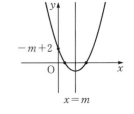

(i) x軸と異なる2点で交わる。すなわち $D>0$

$m^2+m-2>0$ を解いて $m<-2,\ 1<m$ ……①

(ii) 軸がy軸の右側にある。

すなわち $m>0$ ……②

(iii) $f(0)>0$ である。すなわち $-m+2>0$

これを解いて $m<2$ ……③

①，②，③の共通な範囲を求めて $1<m<2$

練習 **19** 2次方程式 $x^2+2mx+m+12=0$ が異なる2つの正の解をもつように，定数mの値の範囲を定めよ。

例題 20　放物線と直線の共有点　発展

放物線 $y=x^2+3x+1$ と直線 $y=2x+3$ の共有点の座標を求めよ。

【ガイド】 連立方程式 $\begin{cases} y=x^2+3x+1 \\ y=2x+3 \end{cases}$ を解く。

y を消去して得られる x の 2 次方程式の実数解が共有点の x 座標である。

解答 $\begin{cases} y=x^2+3x+1 & \cdots\cdots① \\ y=2x+3 & \cdots\cdots② \end{cases}$ とおく。

①，②から y を消去すると　$x^2+3x+1=2x+3$

整理すると　$x^2+x-2=0$　　$(x+2)(x-1)=0$

これを解いて　$x=-2,\ 1$

②から，$x=-2$ のとき $y=-1$，$x=1$ のとき $y=5$

したがって，①と②の共有点の座標は　$(-2,\ -1),\ (1,\ 5)$

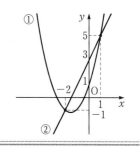

練習 20

次の放物線と直線の共有点の座標を求めよ。

(1)　$y=x^2+2x-3,\ y=3x-1$

(2)　$y=x^2+x,\ y=3x-1$

検印

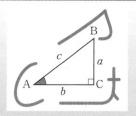
1 三角比

KEY 69

サイン（正弦），
コサイン（余弦），
タンジェント（正接）

∠C＝90° の直角三角形 ABC において

$$\sin A = \frac{a}{c}$$

$$\cos A = \frac{b}{c}$$

$$\tan A = \frac{a}{b}$$

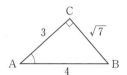

例 77 右の図の直角三角形 ABC において，
$\sin A$, $\cos A$, $\tan A$ の値を求めよ。

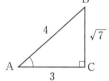

解答 $\sin A = \dfrac{\sqrt{7}}{4}$, $\cos A = \dfrac{3}{4}$, $\tan A = \dfrac{\sqrt{7}}{3}$ ◀∠A が左下，直角が
右下にくるように図
の向きを変える。

85a 基本 次の直角三角形 ABC において，
$\sin A$, $\cos A$, $\tan A$ の値を求めよ。

(1)

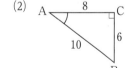

(2) A ─8─ C
　　　　　　6
　10　　　　
　　　B

85b 基本 次の直角三角形 ABC において，
$\sin A$, $\cos A$, $\tan A$ の値を求めよ。

(1)

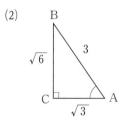

(2) B
　√6　　3
　C　　　A
　　√3

例 78 右の図の直角三角形 ABC において，$\sin A$，$\cos A$，$\tan A$ の値を求めよ。

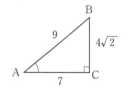

解答 三平方の定理により　　$7^2 + BC^2 = 9^2$

$BC > 0$ であるから　　$BC = \sqrt{9^2 - 7^2} = \sqrt{32} = 4\sqrt{2}$

よって　　$\sin A = \dfrac{4\sqrt{2}}{9}$，$\cos A = \dfrac{7}{9}$，$\tan A = \dfrac{4\sqrt{2}}{7}$

86a 基本　次の直角三角形 ABC において，$\sin A$，$\cos A$，$\tan A$ の値を求めよ。

(1)

86b 基本　次の直角三角形 ABC において，$\sin A$，$\cos A$，$\tan A$ の値を求めよ。

(1)

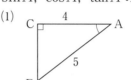

(2)

B $\sqrt{3}$ —— C 1 —— A

(2)

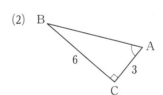

87a 基本　次の図の直角三角形について，辺の長さを □ に書き入れよ。また，$\sin 30°$，$\sin 60°$，$\sin 45°$ の値を求めよ。

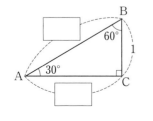
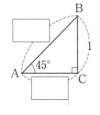

87b 基本　**87a** の図を用いて $30°$，$45°$，$60°$ の三角比の値を求め，次の表を完成せよ。

A	$30°$	$45°$	$60°$
$\sin A$			
$\cos A$			
$\tan A$			

例 79 三角比の表を用いて，$\cos 17°$ の値を求めよ。

解答 三角比の表より　$\cos 17° = 0.9563$

A	$\sin A$	$\cos A$	$\tan A$
⋮	⋮	⋮	⋮
16°	0.2756	0.9613	0.2867
17°	0.2924	0.9563	0.3057
18°	0.3090	0.9511	0.3249

88a 基本 三角比の表を用いて，次の三角比の値を求めよ。

(1) $\sin 20°$

(2) $\cos 42°$

(3) $\tan 81°$

88b 基本 三角比の表を用いて，次の三角比の値を求めよ。

(1) $\sin 75°$

(2) $\cos 8°$

(3) $\tan 33°$

例 80 三角比の表を用いて，右の図の直角三角形 ABC における ∠A の大きさを求めよ。

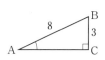

解答 右の図から　$\sin A = \dfrac{3}{8} = 0.375$

三角比の表から，$\sin A$ の値が0.375に最も近い値は　◀等しい値がないときは，最も近い値をさがす。
0.3746であるから　$A ≒ 22°$　◀$a ≒ b$ は，a と b がほぼ等しいことを表す。

89a 基本 三角比の表を用いて，次の図の直角三角形 ABC における ∠A の大きさを求めよ。

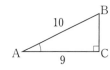

89b 基本 三角比の表を用いて，次の図の直角三角形 ABC における ∠A の大きさを求めよ。

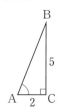

検印

2 三角比の利用

KEY 71
直角三角形の辺の長さ

右の直角三角形 ABC において
$a = c \sin A, \quad b = c \cos A, \quad a = b \tan A$

例 81 右の直角三角形 ABC において，BC と AC の長さを求めよ。

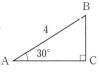

解答 $BC = AB \sin 30° = 4 \times \dfrac{1}{2} = 2$

$AC = AB \cos 30° = 4 \times \dfrac{\sqrt{3}}{2} = 2\sqrt{3}$

90a 基本 次の直角三角形 ABC において，BC と AC の長さを求めよ。

(1)
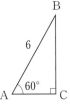

(2)
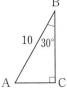

90b 基本 次の直角三角形 ABC において，BC と AC の長さを求めよ。

(1)

(2)
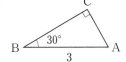

91a 基本 次の直角三角形 ABC において，BC の長さを求めよ。

91b 基本 次の直角三角形 ABC において，BC の長さを求めよ。

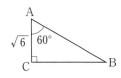

KEY 72
三角比の文章題

① 長さを求めたいものを辺にもつ直角三角形に着目する。
② 三角比を用いて長さを求める。

例 82 右の図のように，長さ 10 m のはしご AB が壁に立てかけてある。はしごと地面の作る角が 70° のとき，高さ BC と壁までの距離 AC はそれぞれ何 m か。小数第 2 位を四捨五入して求めよ。

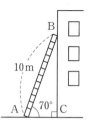

解答 直角三角形 ABC において

$BC = AB \sin 70° = 10 \times 0.9397 = 9.397$

$AC = AB \cos 70° = 10 \times 0.3420 = 3.420$

答 BC は 9.4 m，AC は 3.4 m

92a 基本 次の図のように，たこあげをしていて，糸の長さ AB が 50 m になったとき，糸と地面の作る角が 38° であった。このときのたこの高さ BC は何 m か。小数第 2 位を四捨五入して求めよ。

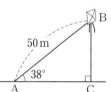

92b 基本 次の図のように，スキー場で，傾斜角が 12° の坂道をまっすぐに 200 m 滑りおりた。このとき，垂直方向におりた距離 BC と，水平方向に進んだ距離 AC はそれぞれ何 m か。小数第 2 位を四捨五入して求めよ。

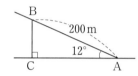

93a 標準 次の図のように，建物 BE から 10 m 離れた地点 D に立って，建物の上端を見上げると ∠BAC＝57° であった。目の高さ AD を 1.4 m とすると，建物 BE の高さは何 m か。小数第 2 位を四捨五入して求めよ。

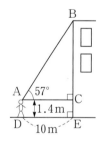

93b 標準 次の図のように，高さ 30 m の岸壁の上 B から船 A を見たとき，水平面 BD からの角度を測ると 38° であった。船から岸壁までの水平距離 AC は何 m か。小数第 2 位を四捨五入して求めよ。

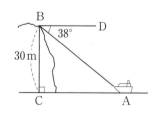

3 鋭角の三角比の相互関係

KEY 73

三角比の相互関係

1 $\tan A = \dfrac{\sin A}{\cos A}$ 2 $\sin^2 A + \cos^2 A = 1$ 3 $1 + \tan^2 A = \dfrac{1}{\cos^2 A}$

例 83 $\cos A = \dfrac{3}{4}$ のとき，$\sin A$ と $\tan A$ の値を求めよ。ただし，A は鋭角とする。

解答 $\sin^2 A + \cos^2 A = 1$ から $\sin^2 A = 1 - \cos^2 A$

$\cos A = \dfrac{3}{4}$ を代入して $\sin^2 A = 1 - \cos^2 A = 1 - \left(\dfrac{3}{4}\right)^2 = \dfrac{7}{16}$

$\sin A > 0$ であるから $\boldsymbol{\sin A = \sqrt{\dfrac{7}{16}} = \dfrac{\sqrt{7}}{4}}$

また $\boldsymbol{\tan A = \dfrac{\sin A}{\cos A} = \dfrac{\sqrt{7}}{4} \div \dfrac{3}{4} = \dfrac{\sqrt{7}}{4} \times \dfrac{4}{3} = \dfrac{\sqrt{7}}{3}}$

別解 $\cos A = \dfrac{3}{4}$ より，AB=4，AC=3，∠C=90° の直角三角形 ABC をかく。

三平方の定理により $3^2 + BC^2 = 4^2$

よって $BC = \sqrt{4^2 - 3^2} = \sqrt{7}$

したがって $\sin A = \dfrac{\sqrt{7}}{4}$，$\tan A = \dfrac{\sqrt{7}}{3}$

94a 標準 $\sin A = \dfrac{2}{3}$ のとき，$\cos A$ と $\tan A$ の値を求めよ。ただし，A は鋭角とする。

94b 標準 $\cos A = \dfrac{1}{3}$ のとき，$\sin A$ と $\tan A$ の値を求めよ。ただし，A は鋭角とする。

例 **84** $\tan A = \dfrac{1}{2}$ のとき，$\sin A$ と $\cos A$ の値を求めよ。ただし，A は鋭角とする。

解答　$1+\tan^2 A = \dfrac{1}{\cos^2 A}$ から　　$\dfrac{1}{\cos^2 A} = 1 + \tan^2 A = 1 + \left(\dfrac{1}{2}\right)^2 = \dfrac{5}{4}$

よって　$\cos^2 A = \dfrac{4}{5}$　　　$\cos A > 0$ であるから　$\cos A = \sqrt{\dfrac{4}{5}} = \dfrac{2}{\sqrt{5}}$

また，$\tan A = \dfrac{\sin A}{\cos A}$ から　　$\sin A = \tan A \cdot \cos A = \dfrac{1}{2} \times \dfrac{2}{\sqrt{5}} = \dfrac{1}{\sqrt{5}}$

95a 標準　$\tan A = \dfrac{1}{3}$ のとき，$\sin A$ と $\cos A$ の値を求めよ。ただし，A は鋭角とする。

95b 標準　$\tan A = 2\sqrt{2}$ のとき，$\sin A$ と $\cos A$ の値を求めよ。ただし，A は鋭角とする。

KEY **74**　①　$\sin(90°-A) = \cos A$　②　$\cos(90°-A) = \sin A$　③　$\tan(90°-A) = \dfrac{1}{\tan A}$
$90°-A$ の三角比

例 **85**　$\sin 82°$ を $45°$ より小さい鋭角の三角比で表せ。

解答　$82° = 90° - 8°$ であるから　　$\sin 82° = \sin(90° - 8°) = \cos 8°$

96a 基本　次の三角比を $45°$ より小さい鋭角の三角比で表せ。

(1)　$\sin 61°$

(2)　$\cos 80°$

(3)　$\tan 48°$

96b 基本　次の三角比を $45°$ より小さい鋭角の三角比で表せ。

(1)　$\sin 53°$

(2)　$\cos 79°$

(3)　$\tan 86°$

4 三角比の拡張(1)

KEY 75
三角比の拡張

右の図において

$$\sin\theta = \frac{y}{r}, \qquad \cos\theta = \frac{x}{r}, \qquad \tan\theta = \frac{y}{x}$$

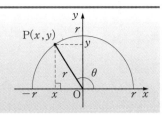

例 86

150° の三角比の値を求めよ。

解答 $r=2$, $\theta=150°$ とすると, 点Pの座標は$(-\sqrt{3}, 1)$となるから

$$\sin 150° = \frac{y}{r} = \frac{1}{2}$$

$$\cos 150° = \frac{x}{r} = \frac{-\sqrt{3}}{2} = -\frac{\sqrt{3}}{2}$$

$$\tan 150° = \frac{y}{x} = \frac{1}{-\sqrt{3}} = -\frac{1}{\sqrt{3}}$$

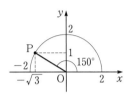

97a 基本 次の表の空欄に三角比の値を入れ,表を完成せよ。

θ	0°	30°	45°	60°	90°	120°	135°	150°	180°
$\sin\theta$									
$\cos\theta$									
$\tan\theta$									

97b 基本 次の表の空欄に 0, 1, −1, ＋, − のいずれかを入れ,表を完成せよ。

θ	0°	鋭角	90°	鈍角	180°
$\sin\theta$					
$\cos\theta$					
$\tan\theta$					

考えてみよう 11 $0°\leqq\theta\leqq180°$ のとき,次の条件を満たす θ は鋭角,鈍角のどちらか考えてみよう。

(1) $\cos\theta<0$ (2) $\tan\theta>0$ (3) $\sin\theta\cos\theta<0$

| ① | $\sin(180°-\theta)=\sin\theta$ | ② | $\cos(180°-\theta)=-\cos\theta$ | ③ | $\tan(180°-\theta)=-\tan\theta$ |

180°−θ の三角比

例 87 三角比の表を用いて，125° の三角比の値を求めよ。

解答 $125°=180°-55°$ であるから

$$\sin 125°=\sin(180°-55°)=\sin 55°=\mathbf{0.8192}$$
$$\cos 125°=\cos(180°-55°)=-\cos 55°=\mathbf{-0.5736}$$
$$\tan 125°=\tan(180°-55°)=-\tan 55°=\mathbf{-1.4281}$$

A	$\sin A$	$\cos A$	$\tan A$
⋮	⋮	⋮	⋮
54°	0.8090	0.5878	1.3764
55°	0.8192	0.5736	1.4281
56°	0.8290	0.5592	1.4826

98a 基本 巻末の三角比の表を用いて，162° の三角比の値を求めよ。

98b 基本 巻末の三角比の表を用いて，97° の三角比の値を求めよ。

検
印

三角比の相互関係

$0°\leqq\theta\leqq180°$ の θ についても，次の関係が成り立つ。

| ① | $\tan\theta=\dfrac{\sin\theta}{\cos\theta}$ | ② | $\sin^2\theta+\cos^2\theta=1$ | ③ | $1+\tan^2\theta=\dfrac{1}{\cos^2\theta}$ |

例 88 (1) $\sin\theta=\dfrac{3}{5}$ のとき，$\cos\theta$ と $\tan\theta$ の値を求めよ。ただし，$90°\leqq\theta\leqq180°$ とする。

(2) $\tan\theta=-3$ のとき，$\sin\theta$ と $\cos\theta$ の値を求めよ。ただし，$0°\leqq\theta\leqq180°$ とする。

解答 (1) $\sin^2\theta+\cos^2\theta=1$ から $\cos^2\theta=1-\sin^2\theta$

$\sin\theta=\dfrac{3}{5}$ より $\cos^2\theta=1-\sin^2\theta=1-\left(\dfrac{3}{5}\right)^2=\dfrac{16}{25}$

$90°\leqq\theta\leqq180°$ のとき，$\cos\theta\leqq0$ であるから $\boldsymbol{\cos\theta=-\sqrt{\dfrac{16}{25}}=-\dfrac{4}{5}}$

また $\boldsymbol{\tan\theta=\dfrac{\sin\theta}{\cos\theta}=\dfrac{3}{5}\div\left(-\dfrac{4}{5}\right)=\dfrac{3}{5}\times\left(-\dfrac{5}{4}\right)=-\dfrac{3}{4}}$

(2) $1+\tan^2\theta=\dfrac{1}{\cos^2\theta}$ から $\dfrac{1}{\cos^2\theta}=1+\tan^2\theta$

$\tan\theta=-3$ より $\dfrac{1}{\cos^2\theta}=1+\tan^2\theta=1+(-3)^2=10$ よって $\cos^2\theta=\dfrac{1}{10}$

$0°\leqq\theta\leqq180°$ で，$\tan\theta=-3<0$ であるから $\cos\theta<0$

したがって $\boldsymbol{\cos\theta=-\sqrt{\dfrac{1}{10}}=-\dfrac{1}{\sqrt{10}}}$

また，$\tan\theta=\dfrac{\sin\theta}{\cos\theta}$ から $\boldsymbol{\sin\theta=\tan\theta\cdot\cos\theta=-3\times\left(-\dfrac{1}{\sqrt{10}}\right)=\dfrac{3}{\sqrt{10}}}$

99a 標準 $\sin\theta$, $\cos\theta$, $\tan\theta$ のうち，1つの値が次のように与えられたとき，残りの2つの値を求めよ。ただし，(1)は $90°\leqq\theta\leqq180°$，(2)と(3)は $0°\leqq\theta\leqq180°$ とする。

(1) $\sin\theta=\dfrac{1}{3}$

(2) $\cos\theta=-\dfrac{3}{4}$

(3) $\tan\theta=-\sqrt{3}$

99b 標準 $\sin\theta$, $\cos\theta$, $\tan\theta$ のうち，1つの値が次のように与えられたとき，残りの2つの値を求めよ。ただし，(1)は $90°\leqq\theta\leqq180°$，(2)と(3)は $0°\leqq\theta\leqq180°$ とする。

(1) $\sin\theta=\dfrac{12}{13}$

(2) $\cos\theta=-\dfrac{2}{3}$

(3) $\tan\theta=\dfrac{1}{2}$

KEY 78

与えられた三角比を
満たす角

$0° \leqq \theta \leqq 180°$ とする。

① $\sin\theta = \dfrac{b}{r}$ のとき　② $\cos\theta = \dfrac{a}{r}$ のとき　③ $\tan\theta = \dfrac{b}{a}$ のとき $(b \geqq 0)$

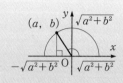

例 89 $0° \leqq \theta \leqq 180°$ のとき，次の等式を満たす θ を求めよ。

(1) $\sin\theta = \dfrac{1}{2}$

(2) $\cos\theta = -\dfrac{1}{\sqrt{2}}$

解答 (1) 求める角 θ は，右の図の $\angle$AOP と $\angle$AOQ である。

よって　$\theta = 30°,\ 150°$

◀ $r=2,\ b=1$ と考える。

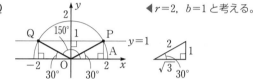

(2) 求める角 θ は，右の図の $\angle$AOP である。

よって　$\theta = 135°$

◀ $r=\sqrt{2},\ a=-1$ と考える。

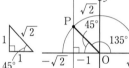

100a 標準 $0° \leqq \theta \leqq 180°$ のとき，次の等式を満たす θ を求めよ。

(1) $\sin\theta = \dfrac{1}{\sqrt{2}}$

100b 標準 $0° \leqq \theta \leqq 180°$ のとき，次の等式を満たす θ を求めよ。

(1) $\sin\theta = \dfrac{\sqrt{3}}{2}$

(2) $\sin\theta = 0$

(2) $\sin\theta = 1$

101a 標準 $0°\leqq\theta\leqq180°$ のとき，次の等式を満たす θ を求めよ。

(1) $\cos\theta=\dfrac{1}{\sqrt{2}}$

(2) $\cos\theta=-\dfrac{1}{2}$

101b 標準 $0°\leqq\theta\leqq180°$ のとき，次の等式を満たす θ を求めよ。

(1) $\cos\theta=\dfrac{\sqrt{3}}{2}$

(2) $\cos\theta=-1$

例 90 $0°\leqq\theta\leqq180°$ のとき，$\tan\theta=-\sqrt{3}$ を満たす θ を求めよ。

解答 求める角 θ は，右の図の $\angle\mathrm{AOP}$ である。
よって $\theta=120°$

◀ $a=-1$, $b=\sqrt{3}$ と考える。

102a 標準 $0°\leqq\theta\leqq180°$ のとき，次の等式を満たす θ を求めよ。

(1) $\tan\theta=\dfrac{1}{\sqrt{3}}$

(2) $\tan\theta=-1$

102b 標準 $0°\leqq\theta\leqq180°$ のとき，次の等式を満たす θ を求めよ。

(1) $\tan\theta=\sqrt{3}$

(2) $\tan\theta=0$

検印

2 節 図形の計量

1 正弦定理

KEY 79
正弦定理

△ABC の外接円の半径を R とすると

$$\frac{a}{\sin A}=\frac{b}{\sin B}=\frac{c}{\sin C}=2R$$

① 三角形の外接円の半径を求めるときは，$\dfrac{a}{\sin A}=2R$ など を利用する。

② 三角形の2つの角が与えられているときは，$\dfrac{a}{\sin A}=\dfrac{b}{\sin B}$ などを利用する。

例 91 △ABC において，$b=6$，$B=45°$ であるとき，外接円の半径 R を求めよ。

解答 正弦定理により $\dfrac{6}{\sin 45°}=2R$

よって $R=\dfrac{1}{2}\times\dfrac{6}{\sin 45°}=\dfrac{1}{2}\times 6\div\dfrac{1}{\sqrt{2}}=\dfrac{1}{2}\times 6\times\sqrt{2}=3\sqrt{2}$

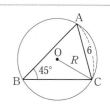

103a 基本 次の △ABC の外接円の半径 R を求めよ。

(1) $a=5$，$A=30°$

(2) $b=\sqrt{3}$，$B=120°$

103b 基本 次の △ABC の外接円の半径 R を求めよ。

(1) $b=3$，$B=60°$

(2) $c=\sqrt{6}$，$C=135°$

例 92 △ABC において，$a=2$，$A=45°$，$B=60°$ であるとき，b を求めよ。

解答 正弦定理により $\dfrac{2}{\sin 45°}=\dfrac{b}{\sin 60°}$

よって $b=\dfrac{2}{\sin 45°}\times\sin 60°=2\div\dfrac{1}{\sqrt{2}}\times\dfrac{\sqrt{3}}{2}$

$=2\times\sqrt{2}\times\dfrac{\sqrt{3}}{2}=\sqrt{6}$

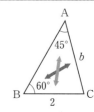

104a 基本 △ABC において，次の問いに答えよ。

(1) $c=2$，$B=60°$，$C=45°$ であるとき，b を求めよ。

(2) $c=4$，$A=120°$，$C=45°$ であるとき，a を求めよ。

104b 基本 △ABC において，次の問いに答えよ。

(1) $b=10$，$B=30°$，$C=45°$ であるとき，c を求めよ。

(2) $b=8$，$A=30°$，$B=135°$ であるとき，a を求めよ。

105a 標準 △ABC において，$b=6$，$B=30°$，$C=105°$ であるとき，次の問いに答えよ。

(1) A を求めよ。

(2) a を求めよ。

105b 標準 △ABC において，$c=\sqrt{3}$，$A=75°$，$B=45°$ であるとき，次の問いに答えよ。

(1) C を求めよ。

(2) b を求めよ。

検印

余弦定理
△ABC において $a^2=b^2+c^2-2bc\cos A$
$b^2=c^2+a^2-2ca\cos B$
$c^2=a^2+b^2-2ab\cos C$
三角形の2辺とその間の角が与えられているとき，
余弦定理によって，残りの辺の長さが求められる。

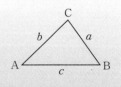

例 93 △ABC において，$a=4$，$b=6$，$C=60°$ であるとき，c を求めよ。

解答   余弦定理により
$$c^2=a^2+b^2-2ab\cos C=4^2+6^2-2\cdot4\cdot6\cos60°$$
$$=16+36-2\cdot4\cdot6\cdot\frac{1}{2}=28$$
$c>0$ であるから $c=2\sqrt{7}$

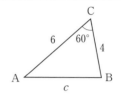

106a 基本 △ABC において，次の問いに答えよ。

(1) $b=7$，$c=8$，$A=60°$ であるとき，a を求めよ。

106b 基本 △ABC において，次の問いに答えよ。

(1) $c=5$，$a=2\sqrt{3}$，$B=30°$ であるとき，b を求めよ。

(2) $a=3$，$b=6$，$C=120°$ であるとき，c を求めよ。

(2) $b=\sqrt{2}$，$c=3$，$A=135°$ であるとき，a を求めよ。

KEY 81 　余弦定理を変形した式

角の大きさを求める

$$\cos A = \frac{b^2 + c^2 - a^2}{2bc} \qquad (a^2 = b^2 + c^2 - 2bc \cos A \text{ を変形})$$

$$\cos B = \frac{c^2 + a^2 - b^2}{2ca} \qquad (b^2 = c^2 + a^2 - 2ca \cos B \text{ を変形})$$

$$\cos C = \frac{a^2 + b^2 - c^2}{2ab} \qquad (c^2 = a^2 + b^2 - 2ab \cos C \text{ を変形})$$

三角形の 3 辺が与えられているとき，上の式によりそれぞれの角の余弦が求められる。

例 94 △ABC において，$a=7$，$b=5$，$c=3$ であるとき，A を求めよ。

解答 余弦定理により

$$\cos A = \frac{b^2 + c^2 - a^2}{2bc} = \frac{5^2 + 3^2 - 7^2}{2 \cdot 5 \cdot 3} = \frac{-15}{2 \cdot 5 \cdot 3} = -\frac{1}{2}$$

よって　　$A = 120°$

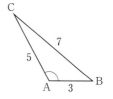

107a 基本 △ABC において，次の問いに答えよ。

(1) $a=8$，$b=7$，$c=3$ であるとき，B を求めよ。

(2) $a=1$，$b=1$，$c=\sqrt{3}$ であるとき，C を求めよ。

107b 基本 △ABC において，次の問いに答えよ。

(1) $a=\sqrt{10}$，$b=2$，$c=\sqrt{2}$ であるとき，A を求めよ。

(2) $a=2$，$b=4$，$c=2\sqrt{3}$ であるとき，B を求めよ。

検印

3 三角形の面積

△ABC の面積を S とすると

$$S = \frac{1}{2}bc\sin A \qquad S = \frac{1}{2}ca\sin B \qquad S = \frac{1}{2}ab\sin C$$

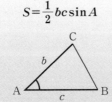

例 95 $a=4$, $b=5$, $C=60°$ である △ABC の面積 S を求めよ。

解答
$$S = \frac{1}{2}\cdot 4\cdot 5\sin 60°$$
$$= \frac{1}{2}\cdot 4\cdot 5\cdot \frac{\sqrt{3}}{2} = 5\sqrt{3}$$

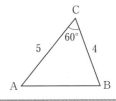

108a 基本 次の △ABC の面積 S を求めよ。

(1) $a=6$, $b=2$, $C=30°$

(2) $b=5$, $c=\sqrt{2}$, $A=45°$

(3) $c=\sqrt{3}$, $a=2$, $B=120°$

108b 基本 次の △ABC の面積 S を求めよ。

(1) $b=9$, $c=7$, $A=60°$

(2) $a=5$, $b=6\sqrt{2}$, $C=135°$

(3) $c=6$, $a=2\sqrt{2}$, $B=150°$

KEY 83

3辺が与えられた場合

① $\cos A = \dfrac{b^2+c^2-a^2}{2bc}$ を利用して，$\cos A$ の値を求める。

② $\sin^2 A + \cos^2 A = 1$ を利用して，$\sin A$ の値を求める。

③ $S = \dfrac{1}{2}bc\sin A$ を利用して，面積 S を求める。

例 96 △ABC において，$a=8$，$b=7$，$c=6$ であるとき，次のものを求めよ。

(1) $\cos A$ の値　　　　(2) $\sin A$ の値　　　　(3) △ABC の面積 S

解答

(1) 余弦定理により　$\cos A = \dfrac{7^2+6^2-8^2}{2\cdot 7\cdot 6} = \dfrac{21}{2\cdot 7\cdot 6} = \dfrac{1}{4}$

(2) $\sin^2 A + \cos^2 A = 1$ より　$\sin^2 A = 1 - \cos^2 A$

$\cos A = \dfrac{1}{4}$ より　$\sin^2 A = 1 - \left(\dfrac{1}{4}\right)^2 = \dfrac{15}{16}$

$\sin A > 0$ であるから　$\sin A = \sqrt{\dfrac{15}{16}} = \dfrac{\sqrt{15}}{4}$

(3) $S = \dfrac{1}{2}bc\sin A = \dfrac{1}{2}\cdot 7\cdot 6\cdot \dfrac{\sqrt{15}}{4} = \dfrac{21\sqrt{15}}{4}$

109a 標準 △ABC において，$a=8$，$b=5$，$c=7$ であるとき，次のものを求めよ。

(1) $\cos C$ の値

(2) $\sin C$ の値

(3) △ABC の面積 S

109b 標準 △ABC において，$a=6$，$b=8$，$c=4$ であるとき，次のものを求めよ。

(1) $\cos B$ の値

(2) $\sin B$ の値

(3) △ABC の面積 S

検印

4 正弦定理と余弦定理の利用

KEY 84

正弦定理と余弦定理
の利用

① 正弦定理
向かい合う辺と角で利用する。

② 余弦定理
2辺とその間の角で利用する。

例 97 △ABC において，$a=\sqrt{2}$，$b=\sqrt{3}-1$，$C=135°$ であるとき，残りの辺の長さと角の大きさを求めよ。

解答 余弦定理により

$$c^2=(\sqrt{2})^2+(\sqrt{3}-1)^2-2\sqrt{2}\cdot(\sqrt{3}-1)\cdot\cos 135°$$

$$=2+3-2\sqrt{3}+1-2\sqrt{2}\cdot(\sqrt{3}-1)\cdot\left(-\frac{1}{\sqrt{2}}\right)=4$$

$c>0$ であるから $c=2$

また，正弦定理により $\dfrac{\sqrt{2}}{\sin A}=\dfrac{2}{\sin 135°}$ よって $\sin A=\sqrt{2}\times\sin 135°\div 2=\dfrac{1}{2}$

ここで，$C=135°$ であるから $A<45°$

したがって $A=30°$

さらに $B=180°-(135°+30°)=15°$

◀ $\sin A=\dfrac{1}{2}$ を満たす A は $A=30°$，$150°$ の2つあるが $A<45°$ であるから，$A=150°$ は不適。

◀ $A+B+C=180°$

答 $c=2$，$A=30°$，$B=15°$

110a 標準 △ABC において，$b=2$，$c=\sqrt{2}+\sqrt{6}$，$A=45°$ であるとき，残りの辺の長さと角の大きさを求めよ。

110b 標準 △ABC において，$a=2$，$c=\sqrt{3}-1$，$B=120°$ であるとき，残りの辺の長さと角の大きさを求めよ。

KEY 85
平地からの高さ

右の図において，高さ PQ は，PQ を含む直角三角形 PAQ の
1つの鋭角と1つの辺の長さがわかれば求められる。
∠PAQ＝θ のとき
$$PQ=AQ\tan\theta$$
を利用すればよい。

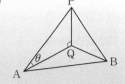

例 98

右の図のように，水平面上に 300 m 離れた 2 地点 A，B
がある。A から山頂 P を見上げる角が 30°，∠QAB＝105°，
∠QBA＝45° であるとき，山の高さ PQ は何 m か。小数
第 1 位を四捨五入して求めよ。ただし，$\sqrt{6}=2.449$ とす
る。

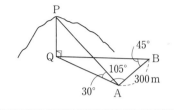

解答

△ABQ において，∠AQB＝180°−(105°＋45°)＝30° であるから，正弦定理により

$$\frac{AQ}{\sin45°}=\frac{300}{\sin30°}$$

よって　$AQ=\dfrac{300}{\sin30°}\times\sin45°=300\div\dfrac{1}{2}\times\dfrac{1}{\sqrt{2}}=300\sqrt{2}$

また，直角三角形 PAQ において

$$PQ=AQ\tan30°=300\sqrt{2}\times\frac{1}{\sqrt{3}}=100\sqrt{6}=100\times2.449$$
$$=244.9$$

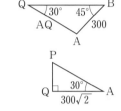

答 **245 m**

111a 標準 次の図のように，水平面上に
200 m 離れた 2 地点 A，B がある。B から塔の先
端 P を見上げる角が 45°，∠QAB＝30°，
∠AQB＝90° であるとき，塔の高さ PQ は何 m か。

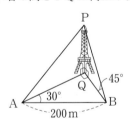

111b 標準 次の図のように，PQ が底面
QAB に垂直で，∠PAB＝75°，∠PBA＝45°，
∠PAQ＝30°，AB＝12 である三角錐 PQAB が
ある。この三角錐の高さ PQ を小数第 2 位を四
捨五入して求めよ。ただし，$\sqrt{6}=2.449$ とする。

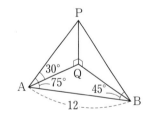

例題 21 三角形を解く（2辺とその間にない角が与えられたとき）

△ABC において，$a=\sqrt{2}$，$b=2$，$A=30°$ であるとき，残りの辺の長さと角の大きさを求めよ。

【ガイド】 余弦定理から c の2次方程式が得られる。これを解いて c の値を求める。
c の値は2通りあることに注意する。　　　　　　　　　◀三角形が1つに定まらない。

解答 余弦定理により　　$(\sqrt{2})^2=2^2+c^2-2\cdot2\cdot c\cdot\cos30°$　　　　　　◀$a^2=b^2+c^2-2bc\cos A$

整理すると　　　$c^2-2\sqrt{3}\,c+2=0$

これを解いて　　　$c=\dfrac{-(-2\sqrt{3})\pm\sqrt{(-2\sqrt{3})^2-4\cdot1\cdot2}}{2\cdot1}=\dfrac{2\sqrt{3}\pm\sqrt{4}}{2}=\sqrt{3}\pm1$

(ⅰ)　$c=\sqrt{3}+1$ のとき

$$\cos B=\dfrac{(\sqrt{3}+1)^2+(\sqrt{2})^2-2^2}{2\cdot(\sqrt{3}+1)\cdot\sqrt{2}}=\dfrac{2(\sqrt{3}+1)}{2\sqrt{2}(\sqrt{3}+1)}=\dfrac{1}{\sqrt{2}}$$

よって　　$B=45°$

したがって　　$C=180°-(30°+45°)=105°$　　　◀$A+B+C=180°$

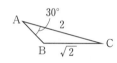

(ⅱ)　$c=\sqrt{3}-1$ のとき

$$\cos B=\dfrac{(\sqrt{3}-1)^2+(\sqrt{2})^2-2^2}{2\cdot(\sqrt{3}-1)\cdot\sqrt{2}}=\dfrac{-2(\sqrt{3}-1)}{2\sqrt{2}(\sqrt{3}-1)}=-\dfrac{1}{\sqrt{2}}$$

よって　　$B=135°$

したがって　　$C=180°-(30°+135°)=15°$

答　$c=\sqrt{3}+1$，$B=45°$，$C=105°$　または　$c=\sqrt{3}-1$，$B=135°$，$C=15°$

練習 21　△ABC において，$a=2$，$b=2\sqrt{3}$，$A=30°$ であるとき，残りの辺の長さと角の大きさを求めよ。

例題 22　角を2等分する線分の長さ

△ABC において，AB＝12，AC＝4，$A=60°$ とする。

∠A の二等分線と辺 BC との交点を D とするとき，AD の長さを求めよ。

- - -

【ガイド】　△ABD＋△ACD＝△ABC であることを利用する。　　　◀ △ABC は三角形 ABC の面積を表す。

　AD＝x とおく。

△ABD＋△ACD＝△ABC であるから

$$\frac{1}{2}\mathrm{AB}\cdot\mathrm{AD}\sin30°+\frac{1}{2}\mathrm{AC}\cdot\mathrm{AD}\sin30°=\frac{1}{2}\mathrm{AB}\cdot\mathrm{AC}\sin60°$$

よって　　$\dfrac{1}{2}\cdot12\cdot x\cdot\dfrac{1}{2}+\dfrac{1}{2}\cdot4\cdot x\cdot\dfrac{1}{2}=\dfrac{1}{2}\cdot12\cdot4\cdot\dfrac{\sqrt{3}}{2}$

整理すると　　　　$4x=12\sqrt{3}$

これを解いて　　　$x=3\sqrt{3}$

すなわち　　　　　AD＝$\mathbf{3\sqrt{3}}$

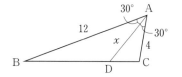

- - -

練習 22

次の △ABC において，∠A の二等分線と辺 BC との交点を D とするとき，AD の長さを求めよ。

(1)　AB＝12，AC＝5，$A=120°$

(2)　AB＝3，AC＝4，$A=90°$

円に内接する四角形 ABCD において，AB＝8，BC＝5，CD＝3，B＝60° であるとき，次のものを求めよ。

(1)　対角線 AC の長さ　　　　(2)　辺 AD の長さ　　　　(3)　四角形 ABCD の面積 S

【ガイド】　(2)　$B+D=180°$ であることから D を求める。
　　　　　　　△ACD において，余弦定理を利用する。
　　　　　(3)　△ABC，△ACD それぞれの面積を求めて加える。

◀円に内接する四角形の対角の和は 180° であることが知られている。

解|答　(1)　△ABC において，余弦定理により
$$AC^2=8^2+5^2-2\cdot8\cdot5\cos60°=49$$
　　　　AC＞0 であるから　　　AC＝**7**

(2)　四角形 ABCD は円に内接しているから
$$D=180°-B=180°-60°=120°$$
　　　AD＝x とする。△ACD において，余弦定理により
$$7^2=3^2+x^2-2\cdot3\cdot x\cos120°$$
　　　整理すると　　　$x^2+3x-40=0$　　　　$(x+8)(x-5)=0$
　　　$x>0$ であるから　　　$x=5$　　　　すなわち　　　AD＝**5**

(3)　$S=\triangle ABC+\triangle ACD=\dfrac{1}{2}\cdot8\cdot5\sin60°+\dfrac{1}{2}\cdot3\cdot5\sin120°=\dfrac{55\sqrt{3}}{4}$

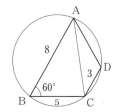

練習 **23**　円に内接する四角形 ABCD において，AB＝6, BC＝CD＝3，B＝120° であるとき，次のものを求めよ。

(1)　対角線 AC の長さ

(2)　辺 AD の長さ

(3)　四角形 ABCD の面積 S

検
印

例題 24 空間図形の計量

直方体 ABCD-EFGH において，AB$=4$，AD$=\sqrt{6}$，AE$=2$ であるとき，$\triangle$BDE の面積 S を求めよ。

【ガイド】 三平方の定理を利用して，$\triangle$BDE の 3 辺の長さを求める。
余弦定理を利用して，$\cos\angle$DEB の値を求め，さらに $\sin\angle$DEB の値を求める。

解答 $\triangle$BDE の 3 辺の長さは，三平方の定理を利用して

$$BD=\sqrt{AB^2+AD^2}=\sqrt{4^2+(\sqrt{6}\,)^2}=\sqrt{22}$$
$$DE=\sqrt{AD^2+AE^2}=\sqrt{(\sqrt{6}\,)^2+2^2}=\sqrt{10}$$
$$BE=\sqrt{AB^2+AE^2}=\sqrt{4^2+2^2}=2\sqrt{5}$$

$\triangle$BDE において，余弦定理により

$$\cos\angle\mathrm{DEB}=\frac{(2\sqrt{5}\,)^2+(\sqrt{10}\,)^2-(\sqrt{22}\,)^2}{2\cdot2\sqrt{5}\cdot\sqrt{10}}=\frac{\sqrt{2}}{5}$$

$\sin\angle$DEB>0 であるから

$$\sin\angle\mathrm{DEB}=\sqrt{1-\left(\frac{\sqrt{2}}{5}\right)^2}=\frac{\sqrt{23}}{5}$$

したがって　　$S=\dfrac{1}{2}\cdot\mathrm{DE}\cdot\mathrm{BE}\sin\angle\mathrm{DEB}=\dfrac{1}{2}\cdot\sqrt{10}\cdot2\sqrt{5}\cdot\dfrac{\sqrt{23}}{5}=\sqrt{46}$

練習 24 直方体 ABCD-EFGH において，AB$=\sqrt{2}$，AD$=\sqrt{5}$，AE$=1$ であるとき，$\triangle$BDE の面積 S を求めよ。

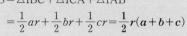

例題 25 三角形の内接円の半径

$\triangle ABC$ において，$a=9$，$b=8$，$c=7$ であるとき，次のものを求めよ。

(1) $\triangle ABC$ の面積 S　　　　　　　　(2) $\triangle ABC$ の内接円の半径 r

【ガイド】 (1) $\cos A \to \sin A \to S$ の順に求める。(p.107 参照)

(2) $S=\dfrac{1}{2}r(a+b+c)$ を利用する。

三角形の3つの辺に接する円を内接円という。$\triangle ABC$ の内接円の中心を I，半径を r とすると

$S=\triangle IBC+\triangle ICA+\triangle IAB$

$=\dfrac{1}{2}ar+\dfrac{1}{2}br+\dfrac{1}{2}cr=\dfrac{1}{2}r(a+b+c)$

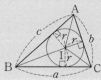

解答 (1) 余弦定理により　　　$\cos A=\dfrac{8^2+7^2-9^2}{2\cdot 8\cdot 7}=\dfrac{2}{7}$

$\sin A>0$ であるから

$$\sin A=\sqrt{1-\left(\dfrac{2}{7}\right)^2}=\dfrac{3\sqrt{5}}{7}$$

よって　　　　$S=\dfrac{1}{2}\cdot 8\cdot 7\cdot\dfrac{3\sqrt{5}}{7}=12\sqrt{5}$

(2) $S=\dfrac{1}{2}r(a+b+c)$ であるから

$$12\sqrt{5}=\dfrac{1}{2}r(9+8+7)$$

◀ $S=12\sqrt{5}$，$a=9$，$b=8$，$c=7$ を代入する。

よって　　　$r=\sqrt{5}$

練習 25 $\triangle ABC$ において，$a=7$，$b=5$，$c=3$ であるとき，次のものを求めよ。

(1) $\triangle ABC$ の面積 S

(2) $\triangle ABC$ の内接円の半径 r

1 集 合

KEY 86
集合の表し方

集合の表し方には，次の 2 つの方法がある。
① { }の中に要素を書き並べる。　　② { }の中に要素の満たす条件を書く。

例 99　集合 $A=\{x\,|\,x$ は15の正の約数$\}$ を，要素を書き並べる方法で表せ。

解答　　$A=\{1,\ 3,\ 5,\ 15\}$

112a 基本 次の集合を，要素を書き並べる方法で表せ。

(1)　$A=\{x\,|\,x$ は20の正の約数$\}$

(2)　$B=\{x\,|\,x$ は30以下の自然数で 7 の倍数$\}$

112b 基本 次の集合を，要素を書き並べる方法で表せ。

(1)　$A=\{x\,|\,x$ は30の正の約数$\}$

(2)　$B=\{x\,|\,x$ は $x^2-16=0$ を満たす数$\}$

KEY 87
部分集合

2 つの集合 A，B について，A の要素がすべて B の要素になっているとき，A は B の部分集合であるといい，$A\subset B$ で表す。

例 100　$A=\{1,\ 3,\ 5,\ 7,\ 9\}$，$B=\{1,\ 3,\ 9\}$ のとき，2 つの集合 A，B の関係を，記号⊂を用いて表せ。

解答　　B の要素は，すべて A の要素であるから　$B\subset A$

113a 基本 次の 2 つの集合 A，B の関係を，記号⊂を用いて表せ。

(1)　$A=\{1,\ 3,\ 5,\ 7,\ 9\}$，$B=\{3,\ 7,\ 9\}$

(2)　$A=\{x\,|\,x$ は 6 の正の約数$\}$，
　　$B=\{x\,|\,x$ は24の正の約数$\}$

113b 基本 次の 2 つの集合 A，B の関係を，記号⊂を用いて表せ。

(1)　$A=\{1,\ 4,\ 7\}$，$B=\{1,\ 2,\ 4,\ 5,\ 7,\ 8\}$

(2)　$A=\{x\,|\,x$ は整数で，$-2\leqq x\leqq 4\}$，
　　$B=\{x\,|\,x$ は自然数で，$x<4\}$

考えてみよう 12 集合$\{1,\ 2,\ 3\}$の部分集合をすべて求めてみよう。

検
印

検
印

共通部分 $A \cap B$ …集合 A と B の両方に属する
要素の集合
和集合 $A \cup B$ ……集合 A と B の少なくとも一
方に属する要素の集合

例 101 2つの集合 $A=\{1,\ 3,\ 5,\ 7,\ 9\}$, $B=\{3,\ 6,\ 9\}$ について, $A \cap B$ と $A \cup B$ を求めよ。

解答　$A \cap B=\{3,\ 9\}$
　　　　$A \cup B=\{1,\ 3,\ 5,\ 6,\ 7,\ 9\}$

114a 基本 次の集合 A, B について, $A \cap B$ と $A \cup B$ を求めよ。

(1) $A=\{1,\ 2,\ 3,\ 6\}$,
　　$B=\{2,\ 4,\ 6,\ 8\}$

(2) $A=\{1,\ 2,\ 4,\ 8,\ 16\}$,
　　$B=\{3,\ 6,\ 9,\ 12,\ 15\}$

(3) $A=\{x \mid x は15の正の約数\}$,
　　$B=\{x \mid x は20の正の約数\}$

114b 基本 次の集合 A, B について, $A \cap B$ と $A \cup B$ を求めよ。

(1) $A=\{1,\ 5,\ 9,\ 13\}$,
　　$B=\{1,\ 3,\ 5,\ 7,\ 9,\ 11,\ 13\}$

(2) $A=\{0,\ 3,\ 6,\ 10\}$,
　　$B=\{x \mid x は16の正の約数\}$

(3) $A=\{x \mid x は1桁の正の偶数\}$,
　　$B=\{x \mid x は12の正の約数\}$

検
印

全体集合 U の部分集合を A とするとき, U の要素であって A の
要素でないものの集合を A の補集合といい, $\overline{A}$ で表す。

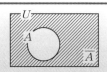

例 102 全体集合を $U=\{1,\ 2,\ 3,\ 4,\ 5,\ 6\}$ とする。$A=\{2,\ 4,\ 6\}$ の
補集合 $\overline{A}$ を求めよ。

解答　全体集合 U の要素で, A の要素でないものの集合であるから
　　　　$\overline{A}=\{1,\ 3,\ 5\}$

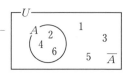

115a
基本 次の全体集合 U および U の部分集合 A について, A の補集合 $\overline{A}$ を求めよ。

$$U=\{1,\ 2,\ 3,\ 4,\ 5,\ 6,\ 7,\ 8,\ 9\},$$
$$A=\{1,\ 3,\ 5,\ 7,\ 9\}$$

115b
基本 次の全体集合 U および U の部分集合 A について, A の補集合 $\overline{A}$ を求めよ。

$$U=\{x\,|\,x は24の正の約数\},$$
$$A=\{x\,|\,x は8の正の約数\}$$

116a
基本 全体集合を
$U=\{x\,|\,x は15以下の自然数\}$ とする。

$$A=\{2,\ 4,\ 6,\ 8,\ 10,\ 12,\ 14\},$$
$$B=\{3,\ 6,\ 9,\ 12,\ 15\}$$

について, 次の集合を求めよ。

(1) $\overline{A}$

(2) $\overline{B}$

(3) $A \cup B$

(4) $\overline{A \cup B}$

116b
基本 全体集合を
$U=\{x\,|\,x は12以下の自然数\}$ とする。

$$A=\{x\,|\,x は12の正の約数\},$$
$$B=\{x\,|\,x は3で割り切れる数\}$$

について, 次の集合を求めよ。

(1) $\overline{A}$

(2) $\overline{B}$

(3) $A \cap B$

(4) $\overline{A \cap B}$

2 命 題

① 条件 p, q を満たすものの集合をそれぞれ P, Q とすると，次の①と②は同じことである。
　　① 命題「$p \Longrightarrow q$」が真である。　　**②** $P \subset Q$ が成り立つ。
② p であるが q でない例(反例)があれば，命題「$p \Longrightarrow q$」は偽である。

例 103 x は実数とする。次の命題の真偽を調べよ。偽であるものは反例を示せ。

(1) $x^2 = 25 \Longrightarrow x = 5$　　　　　　(2) $x > 4 \Longrightarrow x > 1$

解答 (1) 偽である。反例は $x = -5$

(2) $P = \{x \mid x > 4\}$, $Q = \{x \mid x > 1\}$ とすると
$$P \subset Q$$
よって，この命題は真である。

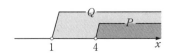

117a 基本 x は実数，n は自然数とする。次の命題の真偽を調べよ。偽であるものは反例を示せ。

(1) $x = 4 \Longrightarrow x^2 = 16$

117b 基本 x は実数，n は自然数とする。次の命題の真偽を調べよ。偽であるものは反例を示せ。

(1) $x(x-1) = 0 \Longrightarrow x = 1$

(2) $x < -5 \Longrightarrow x < -2$

(2) $x > 3 \Longrightarrow x \geqq 4$

(3) n が36の正の約数ならば，n は18の正の約数である。

(3) n が45の正の約数ならば，n は奇数である。

KEY 91
必要条件と十分条件

① 命題「$p \Longrightarrow q$」が真であるとき，

    p は，q であるための**十分条件**

    q は，p であるための**必要条件**

② 命題「$p \Longrightarrow q$」と「$q \Longrightarrow p$」がともに真であるとき，

    p は，q であるための**必要十分条件**

    q は，p であるための**必要十分条件**

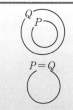

例 104 x は実数とする。次の □ に，十分，必要，必要十分のうち，最も適切なものを入れよ。

    $x^2=3$ は，$x=\sqrt{3}$ であるための □ 条件である。

解答 命題「$x^2=3 \Longrightarrow x=\sqrt{3}$」は偽である。反例は $x=-\sqrt{3}$　　◀$x^2=3$ を解くと $x=\pm\sqrt{3}$

命題「$x=\sqrt{3} \Longrightarrow x^2=3$」は真である。

よって，$x^2=3$ は，$x=\sqrt{3}$ であるための**必要条件**である。

118a n は自然数，a，b，x は実数とする。次の □ に，十分，必要，必要十分のうち，最も適切なものを入れよ。

(1) n が12の倍数であることは，n が 4 の倍数であるための □ 条件である。

(2) $a(b-1)=0$ は，$a=0$ であるための □ 条件である。

(3) $x=3$ は，$x^2=6x-9$ であるための □ 条件である。

118b 標準 a，b，c は実数とする。次の □ に，十分，必要，必要十分のうち，最も適切なものを入れよ。

(1) △ABC において，∠A が鋭角であることは，△ABC が鋭角三角形であるための □ 条件である。

(2) $c<0$ とするとき，$a<b$ は，$ac>bc$ であるための □ 条件である。

(3) a と b が有理数であることは，$a+b$ が有理数であるための □ 条件である。

4 章　集合と論理（数学 I）

検印

KEY 92
条件の否定

① 条件 p に対して,「p でない」という条件を p の否定といい,$\overline{p}$ で表す。
② $\overline{p \text{ かつ } q} \Longleftrightarrow \overline{p} \text{ または } \overline{q}$,　$\overline{p \text{ または } q} \Longleftrightarrow \overline{p} \text{ かつ } \overline{q}$

例 105 $x,\ y$ は実数とする。次の条件の否定を述べよ。

(1) $x < 0$ 　　　　(2) $x \neq 1$ かつ $y = 2$ 　　　　(3) $x \leqq 1$ または $x > 5$

解答
(1) $x \geqq 0$
(2) $x = 1$ または $y \neq 2$
(3) $x > 1$ かつ $x \leqq 5$ 　　すなわち $1 < x \leqq 5$

119a 基本 x は実数,n は整数とする。次の条件の否定を述べよ。

(1) $x > -2$

(2) $x = 3$

(3) n は偶数である。

119b 基本 x は実数とする。次の条件の否定を述べよ。

(1) $x \leqq 4$

(2) $x \neq -1$

(3) x は有理数である。

120a 基本 $x,\ y$ は実数,$m,\ n$ は整数とする。次の条件の否定を述べよ。

(1) $x = 1$ かつ $y = 3$

(2) $x > 1$ かつ $x < 3$

(3) $x \leqq 0$ または $x \geqq 10$

(4) m または n は奇数である。

120b 基本 $x,\ y$ は実数,$m,\ n$ は整数とする。次の条件の否定を述べよ。

(1) $x \neq 0$ かつ $y \neq 0$

(2) $0 < x < 1$

(3) $x < 3$ または $x \geqq 4$

(4) $m,\ n$ はともに奇数である。

3 証明法

KEY 93
逆・裏・対偶

① 命題「$p \Longrightarrow q$」に対して，
命題「$q \Longrightarrow p$」を逆，
命題「$\overline{p} \Longrightarrow \overline{q}$」を裏，
命題「$\overline{q} \Longrightarrow \overline{p}$」を対偶
という。

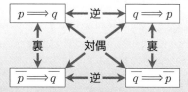

② 真である命題の逆や裏は，真であるとは限らない。
命題とその対偶の真偽は一致する。

例 106 x は実数とする。命題「$x=0 \Longrightarrow x^2+x=0$」の逆，裏，対偶を述べ，それらの真偽を調べよ。

解答 　逆「$x^2+x=0 \Longrightarrow x=0$」　これは偽である。反例は $x=-1$ 　　　　◀$x^2+x=0$ を解くと　$x=0,\ -1$
　　　裏「$x \neq 0 \Longrightarrow x^2+x \neq 0$」　これは偽である。反例は $x=-1$
　　　対偶「$x^2+x \neq 0 \Longrightarrow x \neq 0$」　これは真である。　◀もとの命題が真であるから，その対偶も真である。

121a 基本 x は実数とする。次の命題の逆，裏，対偶を述べ，それらの真偽を調べよ。

(1) $x=5 \Longrightarrow x^2=25$

121b 基本 $x,\ y$ は実数とする。次の命題の逆，裏，対偶を述べ，それらの真偽を調べよ。

(1) $x<1 \Longrightarrow x \leq 0$

(2) $x \leq 1 \Longrightarrow x^2=1$

(2) $x+y \neq 0 \Longrightarrow x \neq 0$ または $y \neq 0$

命題「$p \Longrightarrow q$」が真であることを直接証明するかわりに，その対偶「$\overline{q} \Longrightarrow \overline{p}$」が真であることを証明する。

例 107 n は自然数とする。次の命題を，対偶を利用して証明せよ。

$(n+1)^2$ が偶数ならば，n は奇数である。

証明 この命題の対偶「n が偶数ならば，$(n+1)^2$ は奇数である。」を証明する。

n が偶数ならば，n は自然数 k を用いて　　$n=2k$

と表すことができる。このとき　　$(n+1)^2=(2k+1)^2=4k^2+4k+1=2(2k^2+2k)+1$

$2k^2+2k$ は自然数であるから，$(n+1)^2$ は奇数である。

対偶が真であるから，もとの命題も真である。

122a 標準 次の命題を，対偶を利用して証明せよ。

(1) a, b は実数とするとき，
$a+b \geq 0 \Longrightarrow a \geq 0$ または $b \geq 0$

(2) n を自然数とするとき，
n^3 が奇数ならば，n は奇数である。

122b 標準 次の命題を，対偶を利用して証明せよ。

(1) x は実数とするとき，
$x^3 \neq 1 \Longrightarrow x \neq 1$

(2) n を自然数とするとき，
$5n+1$ が奇数ならば，n は偶数である。

背理法を利用する証明法

背理法による証明は，次の手順で行う。
① 「命題が成り立たない」と仮定する。
② 矛盾を導く。
③ ①の仮定は誤りであるから，「命題が成り立つ」。

例 108 $\sqrt{3}$ が無理数であることを用いて，$\sqrt{3}-1$ が無理数であることを，背理法を利用して証明せよ。

証明▶ $\sqrt{3}-1$ が無理数でないと仮定すると，$\sqrt{3}-1$ は有理数であるから，有理数 a を用いて
$\sqrt{3}-1=a$ と表すことができる。
これを変形すると $\sqrt{3}=a+1$
a は有理数であるから，右辺の $a+1$ は有理数である。 ◀有理数と有理数の和は有理数である。
これは左辺の $\sqrt{3}$ が無理数であることに矛盾する。
したがって，$\sqrt{3}-1$ は無理数である。

123a 標準 $\sqrt{5}$ が無理数であることを用いて，$\sqrt{5}+2$ が無理数であることを，背理法を利用して証明せよ。

123b 標準 π が無理数であることを用いて，2π が無理数であることを，背理法を利用して証明せよ。

1 データの整理，代表値

KEY 96

平均値，最頻値，
中央値

平均値…変量 x の n 個のデータの値 x_1, x_2, ……, x_n の平均値
$\overline{x}$ は

$$\text{平均値}=\frac{\text{変量の値の合計}}{\text{変量の値の個数}} \qquad \overline{x}=\frac{x_1+x_2+\cdots\cdots+x_n}{n}$$

最頻値…データのうちで最も多く現れる値

中央値…データの値を小さい順に並べたとき，中央にくる値
データの値の個数が偶数のときは，中央に並ぶ2つの
値の平均値

奇数のとき
○○○○○○○
中央値

偶数のとき
○○○●○○○○
中央値 $\dfrac{●+○}{2}$

例 109 次のデータは，生徒10人が1年間に見た映画の数である。このデータについて，平均値，最頻
値，中央値をそれぞれ求めよ。

$$0, \ 1, \ 2, \ 3, \ 3, \ 5, \ 5, \ 5, \ 8, \ 10 \quad \text{（本）}$$

解答 平均値は $\dfrac{0+1+2+3+3+5+5+5+8+10}{10}=\dfrac{42}{10}=4.2$ （本） ◀変量とその平均値は
同じ単位をもつ。

最頻値は **5本**

中央値は $\dfrac{3+5}{2}=4$ （本）

124a 基本 7回のテストの得点は

$2, \ 3, \ 4, \ 4, \ 4, \ 9, \ 9$ （点）

であった。次の問いに答えよ。

(1) 平均値を求めよ。

(2) 最頻値を求めよ。

(3) 中央値を求めよ。

124b 基本 生徒8人のテストの得点は

$2, \ 3, \ 4, \ 4, \ 6, \ 7, \ 7, \ 7$ （点）

であった。次の問いに答えよ。

(1) 平均値を求めよ。

(2) 最頻値を求めよ。

(3) 中央値を求めよ。

検
印

KEY 97

ヒストグラム，
度数分布表と代表値

ヒストグラム…階級の幅を底辺とし，度数を高さとする長方
形を，すき間をあけずに順にかいたグラフ

データが度数分布表で与えられた場合の代表値

平均値…階級値 x と度数 f の積 xf を求めて，その合計を度数
の総和で割って得られる値

最頻値…度数が最も大きい階級の階級値

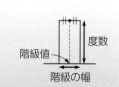

例 110 右の表は，男子20人の走り高跳びの記録をまとめたものである。

(1) ヒストグラムをかけ。

(2) 平均値を求めよ。

(3) 最頻値を求めよ。

階級(cm)	階級値 x	度数 f(人)	xf
85以上～ 95未満	90	2	180
95 ～105	100	4	400
105 ～115	110	6	660
115 ～125	120	7	840
125 ～135	130	1	130
合計		20	2210

解答

(1) ヒストグラムは右下のようになる。

(2) 階級値 x と度数 f の積 xf とその和を求めると，表のようになるから，x の平均値 $\overline{x}$ は

$$\overline{x} = \frac{2210}{20} = 110.5 \ \text{(cm)}$$

(3) 度数が最も大きい階級は 115 cm 以上 125 cm 未満であるから，最頻値はその階級値の **120 cm** である。

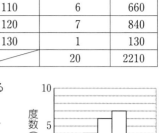
走り高跳びの記録(cm)

125a 基本 右の表は，女子20人のハンドボール投げの記録をまとめたものである。

(1) 右下の図にヒストグラムをかけ。

(2) 表を完成し，平均値を求めよ。

階級(m)	階級値 x	度数 f(人)	xf
9以上～11未満		1	
11 ～13		1	
13 ～15		5	
15 ～17		9	
17 ～19		3	
19 ～21		1	
合計		20	

(3) 最頻値を求めよ。

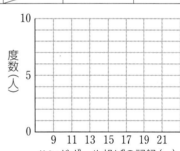
ハンドボール投げの記録(m)

125b 基本 右の表は，男子20人の 50 m 走の記録をまとめたものである。

(1) 右下の図にヒストグラムをかけ。

(2) 表を完成し，平均値を求めよ。

階級(秒)	階級値 x	度数 f(人)	xf
6.8以上～7.2未満		2	
7.2 ～7.6		4	
7.6 ～8.0		7	
8.0 ～8.4		6	
8.4 ～8.8		1	
合計		20	

(3) 最頻値を求めよ。

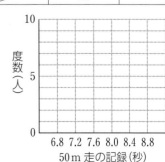
50 m 走の記録(秒)

検印

KEY 98
範囲

データの最大値から最小値を引いた値を範囲という。
範囲＝最大値－最小値

例 **111** データ 8, 13, 5, 1, 7, 8, 10, 17, 5, 11 について，範囲を求めよ。

解答 最大値が17，最小値が 1 であるから，範囲は 17－1＝16

126a 基本 次のデータについて，範囲を求めよ。

52, 61, 37, 83, 59, 44, 48, 79

126b 基本 次のデータについて，範囲を求めよ。

18, 24, 23, 11, 23, 25, 18, 16, 25

KEY 99
四分位数と
四分位範囲

① データの値を小さい順に並べ，右の図のように，中央値を境にして前半部分と後半部分の 2 つの部分に分ける。このとき，最小値を含む前半部分の中央値を第 1 四分位数，中央値を第 2 四分位数，最大値を含む後半部分の中央値を第 3 四分位数といい，それぞれ Q_1, Q_2, Q_3 で表す。これらをまとめて四分位数という。

② 四分位範囲＝$Q_3 - Q_1$, 四分位偏差＝$\dfrac{Q_3 - Q_1}{2}$

奇数のとき
前半部分　後半部分

Q_1　Q_2　Q_3

偶数のとき
前半部分　後半部分

Q_1　Q_2　Q_3

例 **112** 10個の値 1, 1, 2, 3, 3, 5, 6, 9, 10, 10 について，四分位数 Q_1, Q_2, Q_3, および四分位範囲と四分位偏差を求めよ。

解答 $Q_1 = 2$, $Q_2 = \dfrac{3+5}{2} = 4$, $Q_3 = 9$

また，四分位範囲は $Q_3 - Q_1 = 9 - 2 = 7$

四分位偏差は $\dfrac{Q_3 - Q_1}{2} = \dfrac{7}{2}$

① ① ② ③ ③ ⑤ ⑥ ⑨ ⑩ ⑩
↑ Q_1　　↑ Q_2　　↑ Q_3

127a 基本 次のデータについて，四分位数 Q_1, Q_2, Q_3, および四分位範囲と四分位偏差を求めよ。

(1) 1, 3, 5, 7, 10, 13, 14, 16, 18

127b 基本 次のデータについて，四分位数 Q_1, Q_2, Q_3, および四分位範囲と四分位偏差を求めよ。

(1) 1, 1, 1, 3, 4, 4, 6, 8, 9, 9, 11, 15

(2) 9, 1, 5, 7, 6, 2, 3

(2) 7, 1, 10, 5, 7, 3, 15, 9, 5, 3

検印

検印

KEY 100
箱ひげ図

最小値，第1四分位数，中央値（第2四分位数），第3四分位数，最大値という5つの値を用いて，右の図のような箱ひげ図をかくことができる。

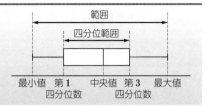

例 113 右の2つのデータ A，B について，それぞれの箱ひげ図をかき，データの散らばり具合を比べよ。

データA	1	2	4	4	6	8	8	14	15
データB	3	5	5	6	8	8	9	9	12

解答 データ A，B について箱ひげ図をかくと，右のようになる

箱ひげ図全体の横幅や箱の横幅がデータBの方が短いから，データBの方が散らばり具合が小さいと考えられる。

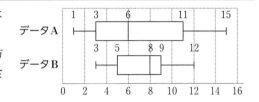

128a 標準 次のデータは，2つのチーム A，B の11人の選手について，反復横跳びの回数を記録したものである。それぞれの箱ひげ図をかき，データの散らばり具合を比べよ。

チームA (回)	55	52	58	61	62	56	55	58	50	54	59
チームB (回)	54	48	50	59	58	62	51	62	53	63	55

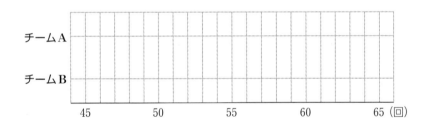

128b 標準 次のデータは，2つの都市A，Bのある年の月間最低気温を記録したものである。それぞれの箱ひげ図をかき，データの散らばり具合を比べよ。

	1月	2月	3月	4月	5月	6月	7月	8月	9月	10月	11月	12月
都市A (℃)	1	0	3	7	9	13	19	20	15	12	6	1
都市B (℃)	13	11	11	15	17	24	25	25	24	19	14	13

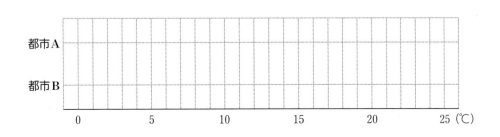

3 外れ値

KEY 101
外れ値

データの中で，ほかの値から極端にかけ離れた値を外れ値という。
外れ値は，箱ひげ図の箱の両端から四分位範囲の1.5倍よりも外側に離れている値で，
ひげの外に「×」などでかくことがある。

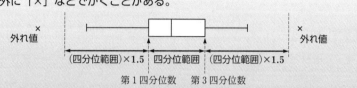

例 114 次のデータについて，外れ値があれば求めて，箱ひげ図をかけ。

$$10, \ 13, \ 20, \ 22, \ 25, \ 26, \ 28, \ 28, \ 30, \ 42, \ 50$$

解答 $Q_1=20$，$Q_2=26$，$Q_3=30$ より，
四分位範囲は $30-20=10$ である。

$10 \times 1.5 = 15$ ◀（四分位範囲）×1.5

であるから，箱の両端から15離れた値，
すなわち5から45に収まる変量の値は，外れ値ではない。   ◀$Q_1-15=20-15=5$
したがって，ここでの外れ値は**50**だけである。 $Q_3+15=30+15=45$

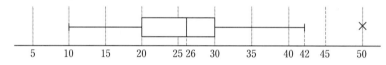

129a 基本 次のデータは，野球部の最近行った10試合の得点である。外れ値があれば求めて，箱ひげ
図をかけ。 $0, \ 1, \ 3, \ 3, \ 4, \ 4, \ 5, \ 5, \ 7, \ 11$ （点）

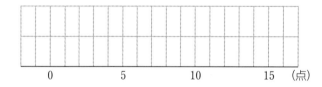

129b 基本 次のデータは，生徒11人が1年間に読んだ本の冊数である。外れ値があれば求めて，箱ひ
げ図をかけ。 $0, \ 1, \ 7, \ 8, \ 8, \ 8, \ 9, \ 10, \ 11, \ 15, \ 20$ （冊）

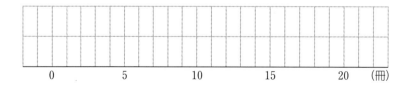

4 データの散らばりと標準偏差

KEY 102
分散, 標準偏差

変量 x の n 個の値 x_1, x_2, $\cdots\cdots$, x_n の平均値が $\overline{x}$ のとき, 分散 s^2 と標準偏差 s は

$$\text{分散}=(\text{偏差})^2\text{ の平均値}=\frac{(\text{偏差})^2\text{ の合計}}{\text{変量の値の個数}}$$

$$s^2=\frac{(x_1-\overline{x})^2+(x_2-\overline{x})^2+\cdots\cdots+(x_n-\overline{x})^2}{n}$$

$$\text{標準偏差}=\sqrt{\text{分散}} \qquad s=\sqrt{\frac{(x_1-\overline{x})^2+(x_2-\overline{x})^2+\cdots\cdots+(x_n-\overline{x})^2}{n}}$$

例 115
生徒 6 人の数学の小テストの得点は 3, 4, 6, 7, 7, 9 点であった。得点 x の分散 s^2 と標準偏差 s を求めよ。

解答 平均値 $\overline{x}$ は $\quad \overline{x}=\dfrac{3+4+6+7+7+9}{6}=\dfrac{36}{6}=6$ （点）

であるから, 各変量の偏差はそれぞれ, -3, -2, 0, 1, 1, 3 である。

よって, 分散 s^2 は $\quad s^2=\dfrac{(-3)^2+(-2)^2+0^2+1^2+1^2+3^2}{6}=\dfrac{24}{6}=4$

したがって, 標準偏差 s は $\quad s=\sqrt{4}=2$ （点） $\qquad$ ◀標準偏差の単位は変量 x と同じ。

130a 基本 生徒 6 人の理科の小テストの得点は 1, 4, 5, 8, 8, 10 点であった。得点 x の分散 s^2 と標準偏差 s を求めよ。

130b 基本 次のデータは, 生徒 6 人のハンドボール投げの距離である。距離 x の分散 s^2 と標準偏差 s を, 小数第 2 位を四捨五入して求めよ。必要であれば, 巻末の数表を利用せよ。

$$23, \quad 29, \quad 25, \quad 26, \quad 19, \quad 28 \text{ (m)}$$

考えてみよう 13 例115の数学の小テストと130aの理科の小テストについて, 得点の散らばり具合はどちらの小テストが小さいといえるか。標準偏差を用いて答えてみよう。

検印

5　データの相関

KEY 103

散布図，相関係数

変量 x, y のデータの値の組 (x_1, y_1), (x_2, y_2), ……, (x_n, y_n) において，x, y の平均値をそれぞれ $\overline{x}$, $\overline{y}$ とし，x, y の標準偏差をそれぞれ s_x, s_y とする。

① 散布図

　2つの変量の値の組を座標平面上の点で表したもの。

② 共分散 s_{xy}

$$s_{xy} = \frac{(x_1 - \overline{x})(y_1 - \overline{y}) + (x_2 - \overline{x})(y_2 - \overline{y}) + \cdots\cdots + (x_n - \overline{x})(y_n - \overline{y})}{n}$$

③ 相関係数 r

$$r = \frac{x と y の共分散}{(x の標準偏差) \times (y の標準偏差)} = \frac{s_{xy}}{s_x s_y}$$

$$-1 \leqq r \leqq 1$$

④ 相関係数と相関

　r が 1 に近いほど正の相関が強い。

　r が -1 に近いほど負の相関が強い。

　r が 0 に近いほど相関が弱い。

相関のおよその目安	
$-1 \sim -0.6$	強い負の相関
$-0.6 \sim -0.2$	弱い負の相関
$-0.2 \sim 0.2$	相関がない
$0.2 \sim 0.6$	弱い正の相関
$0.6 \sim 1$	強い正の相関

$r=-0.84$　　$r=-0.53$　　$r=0.12$　　$r=0.55$　　$r=0.79$

強い負の相関　　　　　相関がない　　　　強い正の相関

例 116 右の表は，生徒5人に小テストを2回行ったときの得点の結果である。

(1)　1回目の得点 x を横軸，2回目の得点 y を縦軸として，散布図をかけ。

(2)　x と y の相関係数 r を，小数第3位を四捨五入して求めよ。

(3)　x と y の間にはどのような相関があるといえるか。

生徒	A	B	C	D	E
1回目(点)	7	5	9	6	8
2回目(点)	4	4	7	5	5

解答 (1)　散布図は右の図のようになる。

(2)　平均値 $\overline{x} = 7$，$\overline{y} = 5$ を求め，次のような表を作る。

生徒	x	y	$x - \overline{x}$	$y - \overline{y}$	$(x - \overline{x})^2$	$(y - \overline{y})^2$	$(x - \overline{x})(y - \overline{y})$
A	7	4	0	-1	0	1	0
B	5	4	-2	-1	4	1	2
C	9	7	2	2	4	4	4
D	6	5	-1	0	1	0	0
E	8	5	1	0	1	0	0
合計	35	25	0	0	10	6	6

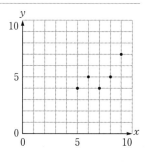

表から，標準偏差 $s_x = \sqrt{\dfrac{10}{5}}$，$s_y = \sqrt{\dfrac{6}{5}}$，　共分散 $s_{xy} = \dfrac{6}{5}$

したがって　$r = \dfrac{s_{xy}}{s_x s_y} = \dfrac{\dfrac{6}{5}}{\sqrt{\dfrac{10}{5}}\sqrt{\dfrac{6}{5}}} = \dfrac{6}{\sqrt{10}\sqrt{6}} = \dfrac{\sqrt{15}}{5}$

◀分母を有理化する。
巻末の平方根表から
$\sqrt{15} = 3.8730$

$= 0.774\cdots$

小数第3位を四捨五入して，相関係数は **0.77**

(3)　(2)より，x と y の間には**強い正の相関**がある。

131a 標準 右の表は，生徒5人に小テストを2回行ったときの得点の結果から作成したものである。ただし，xは1回目の得点，yは2回目の得点である。

(1) 1回目の得点xを横軸，2回目の得点yを縦軸として，散布図をかけ。

(2) 右の表を完成し，xとyの相関係数rを求めよ。

生徒	x	y	$x-\overline{x}$	$y-\overline{y}$	$(x-\overline{x})^2$	$(y-\overline{y})^2$	$(x-\overline{x})(y-\overline{y})$
A	7	5					
B	4	7					
C	5	7					
D	9	5					
E	5	6					
合計							

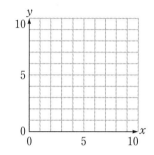

(3) xとyの間にはどのような相関があるといえるか。

131b 標準 右の表は，生徒6人に数学と英語の小テストを行ったときの得点の結果から作成したものである。ただし，xは数学の得点，yは英語の得点である。

(1) 数学の得点xを横軸，英語の得点yを縦軸として，散布図をかけ。

(2) 右の表を完成し，xとyの相関係数rを，小数第3位を四捨五入して求めよ。

生徒	x	y	$x-\overline{x}$	$y-\overline{y}$	$(x-\overline{x})^2$	$(y-\overline{y})^2$	$(x-\overline{x})(y-\overline{y})$
A	3	7					
B	7	5					
C	6	0					
D	2	3					
E	8	8					
F	10	7					
合計							

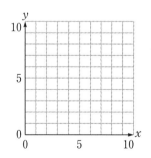

(3) xとyの間にはどのような相関があるといえるか。

検印

例題 26 仮平均

次の生徒10人の得点 x の平均値を，仮平均を利用して求めよ。

82, 75, 67, 77, 69, 80, 62, 64, 71, 74 （点）

【ガイド】 平均値を求めるために，一時的に定める基準の値を**仮平均**という。

仮平均を x_0 とすると，変量 x の n 個の値 x_1, x_2, ……, x_n の平均値 $\overline{x}$ は，次のようにして求められる。

$$\overline{x} = x_0 + \frac{(x_1 - x_0) + (x_2 - x_0) + \cdots\cdots + (x_n - x_0)}{n}$$

◀平均値＝仮平均＋$\dfrac{(変量の値 - 仮平均)の合計}{変量の値の個数}$

解答 仮平均を $x_0 = 70$（点）とすると，生徒10人の得点と仮平均との差は，それぞれ

◀仮平均の値には，計算が簡単になるような値をとるとよい。

12, 5, -3, 7, -1, 10, -8, -6, 1, 4

となる。

◀$82 - 70 = 12$, $75 - 70 = 5$, $67 - 70 = -3$, ……

したがって，x の平均値 $\overline{x}$ は

$$\overline{x} = 70 + \frac{12 + 5 + (-3) + 7 + (-1) + 10 + (-8) + (-6) + 1 + 4}{10}$$

◀差の平均を仮平均に加える。

$$= 70 + \frac{21}{10} = \mathbf{72.1} \text{（点）}$$

練習 26 仮平均を利用して，次のデータの平均値を求めよ。

(1) 生徒5人の身長 x

176, 163, 182, 171, 179 （cm）

(2) ある商品の10日間の販売個数 x

104, 95, 97, 100, 95, 106, 102, 99, 100, 97 （個）

例題 27　分散と平均値の関係式

変量 x の分散は，(分散)＝(x^2 の平均値)−(x の平均値)^2 でも求めることができる。この式を利用して，次のデータの分散 s^2 と標準偏差 s を求めよ。

$$2,\ 4,\ 5,\ 6,\ 8$$

【ガイド】変量 x が n 個の値 $x_1,\ x_2,\ \cdots\cdots,\ x_n$ をとるとき，分散 s^2 は次のように変形できる。

$$s^2=\frac{(x_1-\overline{x})^2+(x_2-\overline{x})^2+\cdots\cdots+(x_n-\overline{x})^2}{n}$$

$$=\frac{(x_1{}^2+x_2{}^2+\cdots\cdots+x_n{}^2)-2\overline{x}(x_1+x_2+\cdots\cdots+x_n)+n\cdot(\overline{x})^2}{n}$$

$$=\frac{x_1{}^2+x_2{}^2+\cdots\cdots+x_n{}^2}{n}-2\overline{x}\cdot\frac{x_1+x_2+\cdots\cdots+x_n}{n}+(\overline{x})^2$$

$$=\overline{x^2}-2(\overline{x})^2+(\overline{x})^2 \qquad \blacktriangleleft x^2 \text{の平均値を} \overline{x^2} \text{で表す。}$$

$$=\overline{x^2}-(\overline{x})^2$$

よって，変量 x の分散は，次の式でも求めることができる。

$$（分散）＝（x^2 \text{の平均値}）−（x \text{の平均値}）^2 \qquad\qquad \blacktriangleleft s^2=\overline{x^2}-(\overline{x})^2$$

解答 x の平均値は $\qquad \dfrac{2+4+5+6+8}{5}=\dfrac{25}{5}=5$

x^2 の平均値は $\qquad \dfrac{2^2+4^2+5^2+6^2+8^2}{5}=\dfrac{145}{5}=29$

よって，分散は $\qquad s^2=29-5^2=\mathbf{4}$ $\qquad\qquad$ したがって，標準偏差は $\qquad s=\sqrt{4}=\mathbf{2}$

練習 27 変量 x の分散を求める式 (分散)＝(x^2 の平均値)−(x の平均値)^2 を利用して，次のデータの分散 s^2 と標準偏差 s を求めよ。

(1)　$1,\ 2,\ 2,\ 4,\ 5,\ 10$

(2)　$3,\ 4,\ 5,\ 6,\ 7,\ 8,\ 9$

5章 データの分析（数学Ⅰ）

1 集 合

KEY 1
集合の表し方

集合の表し方には，次の2つの方法がある。
① { } の中に要素を書き並べる。　② { } の中に要素の満たす条件を書く。

例 1 集合 $A=\{x \mid x$ は18の正の約数$\}$ を，要素を書き並べる方法で表せ。

解答 $A=\{1,\ 2,\ 3,\ 6,\ 9,\ 18\}$

1a 基本 次の集合を，要素を書き並べる方法で表せ。

$$A=\{x \mid x \text{ は36の正の約数}\}$$

1b 基本 次の集合を，要素を書き並べる方法で表せ。

$$A=\{x \mid x \text{ は50以下の自然数で 8 の倍数}\}$$

検印

KEY 2
部分集合

2つの集合 A，B について，A の要素がすべて B の要素になっているとき，A は B の部分集合であるといい，$A \subset B$ で表す。

例 2 $A=\{2,\ 4,\ 6,\ 8,\ 10\}$，$B=\{2,\ 4,\ 10\}$ のとき，2つの集合 A，B の関係を，記号 $\subset$ を用いて表せ。

解答 B の要素は，すべて A の要素であるから　$B \subset A$

2a 基本 次の2つの集合 A，B の関係を，記号 $\subset$ を用いて表せ。
$$A=\{1,\ 2,\ 3,\ 5,\ 6,\ 8\},\ B=\{2,\ 5,\ 8\}$$

2b 基本 次の2つの集合 A，B の関係を，記号 $\subset$ を用いて表せ。
$$A=\{x \mid x \text{ は自然数で，} x<5\},$$
$$B=\{x \mid x \text{ は整数で，} -3 \leqq x \leqq 5\}$$

検印

KEY 3
共通部分と和集合

共通部分 $A \cap B$…集合 A と B の両方に属する要素の集合

和集合 $A \cup B$……集合 A と B の少なくとも一方に属する要素の集合

例 3 2つの集合 $A=\{2,\ 4,\ 6,\ 8,\ 10\}$，$B=\{3,\ 4,\ 8\}$ について，$A \cap B$ と $A \cup B$ を求めよ。

解答 $A \cap B=\{4,\ 8\}$

$A \cup B=\{2,\ 3,\ 4,\ 6,\ 8,\ 10\}$

3a 基本 次の集合 A，B について，$A \cap B$ と $A \cup B$ を求めよ。

$$A = \{1, 2, 3, 4, 5\}, \quad B = \{1, 3, 5, 7, 9\}$$

3b 基本 次の集合 A，B について，$A \cap B$ と $A \cup B$ を求めよ。

$$A = \{x \mid x \text{ は15の正の約数}\},$$
$$B = \{x \mid x \text{ は30の正の約数}\}$$

KEY 4
補集合

全体集合 U の部分集合を A とするとき，U の要素であって A の要素でないものの集合を A の補集合といい，$\overline{A}$ で表す。

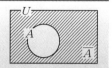

例 4 全体集合を $U = \{x \mid x \text{ は1桁の自然数}\}$ とする。

$A = \{1, 3, 5, 7, 9\}$，$B = \{4, 5, 6, 7\}$ について，次の集合を求めよ。

(1) $\overline{A}$ (2) $\overline{A \cup B}$

解答

(1) $U = \{1, 2, 3, 4, 5, 6, 7, 8, 9\}$ であるから
$$\overline{A} = \{2, 4, 6, 8\}$$

(2) $A \cup B = \{1, 3, 4, 5, 6, 7, 9\}$ であるから
$$\overline{A \cup B} = \{2, 8\}$$

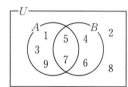

4a 基本 全体集合を

$U = \{x \mid x \text{ は10以下の自然数}\}$ とする。

$$A = \{2, 4, 6, 8, 10\},$$
$$B = \{4, 5, 8\}$$

について，次の集合を求めよ。

(1) $\overline{A}$

(2) $\overline{B}$

(3) $\overline{A \cup B}$

4b 基本 全体集合を

$U = \{x \mid x \text{ は30の正の約数}\}$ とする。

$$A = \{5, 10, 15, 30\},$$
$$B = \{2, 3, 5, 6, 10, 15\}$$

について，次の集合を求めよ。

(1) $\overline{A}$

(2) $\overline{B}$

(3) $\overline{A \cap B}$

2 集合の要素の個数

KEY 5

集合の要素の個数

集合 A の要素の個数を $n(A)$ で表す。
① 和集合の要素の個数　　$n(A \cup B) = n(A) + n(B) - n(A \cap B)$
　　とくに，$A \cap B = \varnothing$ のとき　　$n(A \cup B) = n(A) + n(B)$
② 補集合の要素の個数　　$n(\overline{A}) = n(U) - n(A)$

例 5 $A = \{x \mid x$ は 1 桁の自然数$\}$，$B = \{x \mid x$ は20の正の約数$\}$ のとき，$n(A \cup B)$ を求めよ。

解答 $A = \{1,\ 2,\ 3,\ 4,\ 5,\ 6,\ 7,\ 8,\ 9\}$，$B = \{1,\ 2,\ 4,\ 5,\ 10,\ 20\}$，$A \cap B = \{1,\ 2,\ 4,\ 5\}$
であるから　　$n(A) = 9$，$n(B) = 6$，$n(A \cap B) = 4$
したがって　　$n(A \cup B) = n(A) + n(B) - n(A \cap B) = 9 + 6 - 4 = \mathbf{11}$

5a 基本 $A = \{x \mid x$ は 1 桁の自然数$\}$，
$B = \{x \mid x$ は30の正の約数$\}$ のとき，次の集合の要素の個数を求めよ。

(1) B

(2) $A \cup B$

5b 基本 $A = \{x \mid x$ は20以下の正の偶数$\}$，
$B = \{x \mid x$ は36の正の約数$\}$ のとき，次の集合の要素の個数を求めよ。

(1) A

(2) $A \cup B$

例 6 30以下の自然数のうち，4で割り切れない数は何個あるか。

解答 全体集合 U は30以下の自然数の集合であるから　　$n(U) = 30$
30以下の自然数のうち，4 の倍数の集合を A とすると，$A = \{4 \cdot 1,\ 4 \cdot 2,\ \cdots\cdots,\ 4 \cdot 7\}$ であるから
　　$n(A) = 7$
4 で割り切れない数の集合は $\overline{A}$ で表されるから
　　$n(\overline{A}) = n(U) - n(A) = 30 - 7 = 23$　　　　　　　**答** 23個

6a 基本 50以下の自然数のうち，6 で割り切れない数は何個あるか。

6b 基本 100以下の自然数のうち，8 で割り切れない数は何個あるか。

KEY 6

共通部分と和集合の要素の個数

k の倍数の集合を A，ℓ の倍数の集合を B とする。

① k の倍数かつ ℓ の倍数の集合は，$A \cap B$

k と ℓ の最小公倍数を m とすると，$A \cap B$ は m の倍数の集合である。

② k の倍数または ℓ の倍数の集合は，$A \cup B$

$n(A \cup B) = n(A) + n(B) - n(A \cap B)$ を利用して個数を求める。

例 7 50以下の自然数のうち，次のような数は何個あるか。

(1) 3の倍数かつ5の倍数 (2) 3の倍数または5の倍数

解答 (1) 50以下の自然数のうち，3の倍数の集合を A，5の倍数の集合を B とすると，

3の倍数かつ5の倍数の集合は15の倍数の集合で，$A \cap B$ で表される。 ◀3と5の最小

$$A \cap B = \{15 \cdot 1,\ 15 \cdot 2,\ 15 \cdot 3\}$$ 公倍数は15

であるから，求める数の個数は $n(A \cap B) = 3$

答 3個

(2) $A = \{3 \cdot 1,\ 3 \cdot 2,\ \cdots\cdots,\ 3 \cdot 16\}$ であるから $n(A) = 16$

$B = \{5 \cdot 1,\ 5 \cdot 2,\ \cdots\cdots,\ 5 \cdot 10\}$ であるから $n(B) = 10$

3の倍数または5の倍数の集合は $A \cup B$ で表されるから，求める数の個数は

$$n(A \cup B) = n(A) + n(B) - n(A \cap B) = 16 + 10 - 3 = 23$$

答 23個

7a 標準 100以下の自然数のうち，次のような数は何個あるか。

(1) 3の倍数かつ7の倍数

(2) 3の倍数または7の倍数

7b 標準 100以下の自然数のうち，次のような数は何個あるか。

(1) 4の倍数かつ6の倍数

(2) 4の倍数または6の倍数

KEY 7 ド・モルガンの法則から
ド・モルガンの法則
と集合の要素の個数

$$n(\overline{A \cup B}) = n(\overline{A} \cap \overline{B}), \qquad n(\overline{A \cap B}) = n(\overline{A} \cup \overline{B})$$

例 8 40人の生徒のうち，数学の好きな生徒は20人，国語の好きな生徒は25人，どちらも好きな生徒は12人であった。このとき，次の人数を求めよ。

(1) 数学または国語が好きな生徒　　　　(2) 数学も国語も好きでない生徒

解答 40人の生徒の集合を全体集合 U，数学が好きな生徒の集合を A，国語が好きな生徒の集合を B とすると

$$n(U) = 40, \quad n(A) = 20, \quad n(B) = 25, \quad n(A \cap B) = 12$$

(1) 数学または国語が好きな生徒の集合は $A \cup B$ であるから，求める
人数は　　$n(A \cup B) = n(A) + n(B) - n(A \cap B) = 20 + 25 - 12 = 33$

答 33人

(2) 数学も国語も好きでない生徒の集合は $\overline{A} \cap \overline{B}$ であるから，求める
人数は　　$n(\overline{A} \cap \overline{B}) = n(\overline{A \cup B}) = n(U) - n(A \cup B) = 40 - 33 = 7$

答 7人

8a 標準 100人の生徒のうち，野球の好きな生徒は56人，サッカーの好きな生徒は63人，どちらも好きな生徒は34人であった。このとき，次の人数を求めよ。

(1) 野球またはサッカーが好きな生徒

8b 標準 60以下の自然数のうち，次のような数は何個あるか。

(1) 3 または 5 で割り切れる数

(2) 野球もサッカーも好きでない生徒

(2) 3 でも 5 でも割り切れない数

3 樹形図

KEY 8
樹形図

起こり得るすべての場合を，もれがなく，重複することもないように数えるには，樹形図を用いると考えやすい。

例 9 4個の数字1，1，2，3の中から3個を並べてできる3桁の整数は何個あるか。

解答 百の位の数から順に考えて樹形図をかくと，右のようになる。
したがって，求める整数の個数は**12個**である。

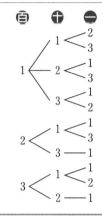

9a 基本 5個の数字1，2，2，3，3の中から3個を並べてできる3桁の整数は何個あるか。

9b 基本 100円，50円，10円の硬貨がたくさんある。この3種類の硬貨を使って，230円支払う方法は何通りあるか。ただし，使わない硬貨があってもよいとする。

考えてみよう 1 例9において，4個を並べてできる4桁の整数は何個あるか求めてみよう。

4 和の法則

同時に起こらない2つの事柄A，Bがあるとする。Aの起こり方がa通り，Bの起こり方がb通りあるとき，AまたはBの起こる場合の数は，$a+b$通りある。
和の法則は，3つ以上の事柄についても成り立つ。

例 10 大，小2個のさいころを同時に投げるとき，目の和が5または11になる場合は何通りあるか。

解答 目の和が5になる場合は4通りあり，目の和が11になる場合は2通りある。

目の和が5になる場合と11になる場合が同時に起こることはないから，

求める場合の数は　　$4+2=6$　　**答** **6通り**

◀目の和が5

大	1	2	3	4
小	4	3	2	1

目の和が11

大	5	6
小	6	5

10a 基本 大，小2個のさいころを同時に投げるとき，目の和が7または10になる場合は何通りあるか。

10b 基本 大，小2個のさいころを同時に投げるとき，目の和が6の倍数になる場合は何通りあるか。

11a 基本 大，小2個のさいころを同時に投げるとき，目の和が8の正の約数になる場合は何通りあるか。

11b 基本 1から10までの番号が書かれた10枚のカードの中から同時に2枚を取り出すとき，取り出した2枚の番号の和が5の倍数になる場合は何通りあるか。

5 積の法則

2つの事柄 A，B があって，A の起こり方が a 通りあり，そのそれぞれに対してBの
起こり方が b 通りずつあるとき，A，B がともに起こる場合の数は，$a \times b$ 通りある。
積の法則は，3つ以上の事柄についても成り立つ。

例 11 ある売場には3種類の包装紙と4種類のリボンがある。包装紙とリボンをそれぞれ1種類ず
つ選ぶとき，選び方は何通りあるか。

| 解答 | 積の法則により，求める場合の数は | $3 \times 4 = 12$ | 答 | 12通り |

12a 基本 ある店にはハンバーガーが6種類，
飲み物が5種類用意されている。それぞれ1種類
ずつ選ぶとき，選び方は何通りあるか。

12b 基本 大，小2個のさいころを同時に投げ
るとき，目の出方は何通りあるか。

13a 基本 くつが4種類，ぼうしが2種類，ベ
ルトが3種類ある。それぞれ1種類ずつ選んで着
るとき，着方は何通りあるか。

13b 基本 1年生5人，2年生6人，3年生7
人の中から各学年1人ずつを選ぶとき，選び方は
何通りあるか。

14a 標準 次の式を展開して得られる項の個数
を求めよ。

$$(a+b)(c+d+e)$$

14b 標準 大，小2個のさいころを同時に投げ
るとき，目の積が奇数になる場合は何通りあるか。

考えてみよう **2** A町からB町へは3本の道があり，B町からC町へは4本の道がある。A町からB町を通ってC町へ行き，C町からB町を通って再びA町に戻る方法は何通りあるだろうか。次の場合について求めてみよう。

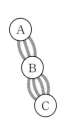

(1) 帰りに行きと同じ道を通ってもよい場合

(2) 帰りは行きと同じ道を通らない場合

例 **12** 392の正の約数は何個あるか。

解答 392を素因数分解すると

$$392＝2^3 \times 7^2$$

392の約数は，2^3 の約数と 7^2 の約数との積で表される。

2^3 の正の約数は，1，2，2^2，2^3 の4個

7^2 の正の約数は，1，7，7^2 の3個

よって，392の正の約数の総数は，積の法則により

$$4 \times 3＝12$$

答 **12個**

4個	3個		
	1	**7**	**7^2**
1	1	7	49
2	2	14	98
2^2	4	28	196
2^3	8	56	392

$$
\begin{array}{r}
2)\underline{392} \\
2)\underline{196} \\
2)\underline{98} \\
7)\underline{49} \\
7
\end{array}
$$

15a 標準 108の正の約数は何個あるか。

15b 標準 135の正の約数は何個あるか。

考えてみよう **3** 300の正の約数の個数を求めてみよう。

例題 1 約数の総和

72の正の約数の総和を求めよ。

【ガイド】 自然数Nを素因数分解して，$p^a q^b$ となるとき
$$(1+p+\cdots+p^a)(1+q+\cdots+q^b)$$
を展開するとすべての項が現れる。

	1	3	3^2
1	$1\cdot 1$	$1\cdot 3$	$1\cdot 3^2$
2	$2\cdot 1$	$2\cdot 3$	$2\cdot 3^2$
2^2	$2^2\cdot 1$	$2^2\cdot 3$	$2^2\cdot 3^2$
2^3	$2^3\cdot 1$	$2^3\cdot 3$	$2^3\cdot 2^2$

解答 72 を素因数分解すると $72=2^3\times 3^2$

2^3 の正の約数は 1, 2, 2^2, 2^3

3^2 の正の約数は 1, 3, 3^2

であるから，72の正の約数は $(1+2+2^2+2^3)(1+3+3^2)$ を展開すると，すべての項が現れる。

よって，求める総和は

$$(1+2+2^2+2^3)(1+3+3^2)=15\times 13=\mathbf{195}$$

◀ $(1+2+2^2+2^3)(1+3+3^2)$
$=1\cdot 1+1\cdot 3+1\cdot 3^2+2\cdot 1+2\cdot 3+2\cdot 3^2$
$+2^2\cdot 1+2^2\cdot 3+2^2\cdot 3^2+2^3\cdot 1+2^3\cdot 3+2^3\cdot 3^2$

練習 1 次の自然数の正の約数の総和を求めよ。

(1) 100

(2) 60

1 順 列

異なる n 個のものから異なる r 個のものを取り出して 1 列に並べたものを，n 個から r 個取る順列といい，その総数を $_nP_r$ で表す。

$$_nP_r = \underbrace{n(n-1)(n-2)\cdot\cdots\cdot(n-r+1)}_{r \text{ 個の積}} \qquad\qquad \text{ただし}\quad n \geqq r$$

$$_nP_n = n! = \underbrace{n(n-1)(n-2)\cdot\cdots\cdot 3\cdot 2\cdot 1}_{n \text{ 個の積}}$$

例 13 $_8P_3$ の値を求めよ。

解答　$_8P_3 = 8\cdot 7\cdot 6 = 336$

16a 基本 次の値を求めよ。

(1) $_3P_2$

(2) $_7P_4$

(3) $_{10}P_1$

(4) $_5P_3 \times _6P_2$

16b 基本 次の値を求めよ。

(1) $_6P_4$

(2) $_{11}P_3$

(3) $_3P_3$

(4) $_8P_2 \times _4P_1$

例 14 次の値を求めよ。

(1) $\dfrac{6!}{4!}$

(2) $\dfrac{7!}{5! \times 2!}$

解答 (1) $\dfrac{6!}{4!} = \dfrac{6 \cdot 5 \cdot 4 \cdot 3 \cdot 2 \cdot 1}{4 \cdot 3 \cdot 2 \cdot 1} = 6 \cdot 5 = 30$

(2) $\dfrac{7!}{5! \times 2!} = \dfrac{7 \cdot 6 \cdot 5 \cdot 4 \cdot 3 \cdot 2 \cdot 1}{5 \cdot 4 \cdot 3 \cdot 2 \cdot 1 \times 2 \cdot 1} = \dfrac{7 \cdot 6}{2 \cdot 1} = 21$

17a 基本 次の値を求めよ。

(1) $7!$

(2) $\dfrac{9!}{6!}$

17b 基本 次の値を求めよ。

(1) $4! \times 2!$

(2) $\dfrac{8!}{5! \times 3!}$

例 15 12人の中から議長，副議長，書記の3人を選ぶ方法は何通りあるか。

解答 12個から3個取る順列であるから

$_{12}P_3 = 12 \cdot 11 \cdot 10 = 1320$

答 1320 通り

18a 基本 次のものは何通りあるか。

(1) 7人の中から走る順番を考えて，4人のリレー走者を選ぶ方法

(2) a，b，c，d，e の5文字全部を1列に並べる方法

18b 基本 次のものは何通りあるか。

(1) さいころを3回投げるとき，すべての目の数が異なるような目の出方

(2) 6個の商品を1列に並べる方法

2 順列の利用

① 偶数……一の位が 0 または偶数 ② 奇数……一の位が奇数
③ 5 の倍数……一の位が 0 または 5

例 16 7 個の数字 1, 2, 3, 4, 5, 6, 7 の中から異なる 4 個を並べてできる 4 桁の奇数は何個あるか。

解答 一の位は，1, 3, 5, 7 の中から選べばよいから，4 通り。
千の位，百の位，十の位は，残りの 6 個の数字の中から 3 個を選んで並べるから，$_6P_3$ 通り。
したがって，求める数の個数は，積の法則により
$$4 \times _6P_3 = 4 \times 6 \cdot 5 \cdot 4 = 480$$
答 480 個

19a 標準 5 個の数字 1, 2, 3, 4, 5 の中から異なる 4 個を並べてできる次のような数は何個あるか。

(1) 4 桁の整数

(2) 4 桁の偶数

(3) 4 桁の 5 の倍数

19b 標準 7 個の数字 1, 2, 3, 4, 5, 6, 7 の中から異なる 3 個を並べてできる次のような数は何個あるか。

(1) 3 桁の整数

(2) 3 桁の奇数

(3) 3 桁の 5 の倍数

KEY 13

**隣り合う順列,
両端にくる順列**

指定された位置での並び方と，それ以外の並び方を分けて考える。
① 隣り合う……隣り合うものをまとめて1組と考える。
（1組とみたときの全体の並び方）×（1組の中での並び方）
② 両端にくる……（両端の並び方）×（間の並び方）

例 17 おとな4人と子ども2人が1列に並ぶとき，次のような並び方は何通りあるか。

(1) 子どもが隣り合う。　　　　　　　　(2) おとなが両端にくる。

解答 (1) 子ども2人をひとまとめにして考えると，おとな4人と子ども1組の並び方は5!通り。

また，ひとまとめにした子ども2人の並び方は2!通り。

よって，求める並び方の総数は，積の法則により

$$5! \times 2! = 120 \times 2 = 240$$

答 240通り

(2) 両端のおとな2人の並べ方は ${}_4P_2$ 通り。

また，残り4人の並び方は4!通り。

よって，求める並び方の総数は，積の法則により

$${}_4P_2 \times 4! = 12 \times 24 = 288$$

答 288通り

20a 標準 おとな2人と子ども5人が1列に並ぶとき，次のような並び方は何通りあるか。

(1) おとなが隣り合う。

20b 標準 a, b, c, d, e, f の6文字を1列に並べるとき，次のような並べ方は何通りあるか。

(1) a, b, c の3文字が隣り合う。

(2) 子どもが両端にくる。

(2) a, b が両端にくる。

検
印

3 重複順列，円順列

n 種類のものから r 個取る重複順列の総数は $\underbrace{n \times n \times n \times \cdots \cdots \times n}_{r \text{ 個の積}} = n^r$

例 18 数字 1, 2, 3, 4, 5 をくり返し用いてもよいとき，3桁の整数は何個できるか。

解答 5種類のものから3個取る重複順列と考えられるから
$$5^3 = 125$$

答 125個

百の位 十の位 一の位
↑ ↑ ↑
5通り 5通り 5通り

21a 基本 次の問いに答えよ。

(1) 数字 1, 2, 3 をくり返し用いてもよいとき，4桁の整数は何個できるか。

(2) 5つの問題にそれぞれ○，×で答えるとき，○，×のつけ方は何通りあるか。

21b 基本 次の問いに答えよ。

(1) 文字 a, b, c, d, e をくり返し用いてよいとき，4個の文字を1列に並べる方法は何通りあるか。

(2) 6人の生徒を A, B の2つの部屋に入れる方法は何通りあるか。ただし，全員を同じ部屋に入れてもよいものとする。

検印

異なる n 個のものの円順列の総数は $\dfrac{{}_n P_n}{n} = (n-1)!$

例 19 7人が円形に座る方法は何通りあるか。

解答 異なる7個のものの円順列と考えられるから
$$(7-1)! = 6! = 720$$

答 720通り

22a 基本 6人が手をつないで輪を作る方法は何通りあるか。

22b 基本 円を5等分し，赤，青，黄，緑，白の5色すべてを用いて塗り分ける方法は何通りあるか。

検印

4 組合せ

KEY 16

組合せの総数 $_nC_r$

異なる n 個のものから異なる r 個を取り出して 1 組としたものを，n 個から r 個取る組合せといい，その総数を $_nC_r$ で表す。

$$_nC_r = \frac{_nP_r}{r!} = \frac{\overbrace{n(n-1)(n-2)\cdots\cdots(n-r+1)}^{r\text{ 個の積}}}{\underbrace{r(r-1)(r-2)\cdots\cdots 2\cdot 1}_{r\text{ 個の積}}}$$

$$_nC_r = {}_nC_{n-r}$$

例 20 $_{10}C_3$ の値を求めよ。

解答 $\quad _{10}C_3 = \dfrac{10\cdot 9\cdot 8}{3\cdot 2\cdot 1} = 120$

23a 基本 次の値を求めよ。

(1) $_8C_3$

(2) $_{10}C_4$

(3) $_{12}C_1$

(4) $_7C_2 \times {}_4C_2$

23b 基本 次の値を求めよ。

(1) $_9C_3$

(2) $_{11}C_2$

(3) $_{10}C_{10}$

(4) $\dfrac{_5C_1}{_8C_2}$

解答 $_{15}C_{13}={}_{15}C_2=\dfrac{15\cdot14}{2\cdot1}=105$ ◀ $_{15}C_{13}={}_{15}C_{15-13}$

24a 基本 次の値を求めよ。

(1) $_9C_7$

(2) $_{40}C_{38}$

24b 基本 次の値を求めよ。

(1) $_{16}C_{13}$

(2) $_{100}C_{99}$

例 **22** 11人の中から3人の委員を選ぶ方法は何通りあるか。

解答 11個から3個取る組合せであるから

$$_{11}C_3=\dfrac{11\cdot10\cdot9}{3\cdot2\cdot1}=165$$

答 165通り

25a 基本 次のような選び方の総数を求めよ。

(1) 異なる9個の文字から4個の文字を選ぶ。

(2) 12色の絵の具から10色を選ぶ。

25b 基本 次のような選び方の総数を求めよ。

(1) 1から10までの番号が書かれた10枚のカードの中から3枚のカードを選ぶ。

(2) 15人の中から11人の選手を選ぶ。

5 組合せの利用

多角形の頂点のうち，
3個を選ぶと，それらを頂点とする三角形が1つに決まる。
4個を選ぶと，それらを頂点とする四角形が1つに決まる。

例 23 正五角形の頂点のうちの3個を結んでできる三角形は何個あるか。

解答　求める三角形の個数は，正五角形の5個の頂点の中から3個を選ぶ方法の総数に等しいから

$$_5C_3 = \frac{5 \cdot 4 \cdot 3}{3 \cdot 2 \cdot 1} = 10$$

答　10個

26a 基本 正十角形の頂点のうちの3個を結んでできる三角形は何個あるか。

26b 基本 正十角形の頂点のうちの4個を結んでできる四角形は何個あるか。

考えてみよう 4 多角形の頂点のうちの2個を選んで結ぶと，辺または対角線が1本できる。このことを利用して，正八角形の対角線の本数を求めてみよう。

それぞれの種類ごとに何個か取り出して組合せを作るときは，種類ごとの組合せを考え，積の法則を利用する。

例 24 A組7人，B組5人の中から，それぞれ2人の委員を選ぶ方法は何通りあるか。

解答　A組7人から2人の委員を選ぶ方法は，$_7C_2$通り。

また，B組5人から2人の委員を選ぶ方法は，$_5C_2$通り。

よって，求める選び方の総数は，積の法則により　$_7C_2 \times _5C_2 = \frac{7 \cdot 6}{2 \cdot 1} \times \frac{5 \cdot 4}{2 \cdot 1} = 210$

答　210通り

27a 標準 おとな8人，子ども7人の中から，おとな3人，子ども2人の係を選ぶ方法は何通りあるか。

27b 標準 1から9までの番号が書かれた9枚のカードの中から，5枚を選ぶとき，偶数がちょうど3枚となる選び方は何通りあるか。

n 人を r 人ずつ m 個の組に分ける方法の総数

① 組に区別がある。

$$_nC_r \times _{n-r}C_r \times \cdots\cdots \times _rC_r$$

② 組に区別がない。

$$\frac{_nC_r \times _{n-r}C_r \times \cdots\cdots \times _rC_r}{m!}$$

区別できる m 個の組

区別できない m 個の組

例 25 12人の生徒を次のように分ける方法は何通りあるか。

(1) A, B, C の3つの組に4人ずつ分ける。 (2) 4人ずつの3つの組に分ける。

解答 (1) 組Aに入る4人の選び方は $_{12}C_4$ 通り。

残りの8人から組Bに入る4人の選び方は $_8C_4$ 通り。残った4人は組Cに入ればよい。

よって,求める分け方の総数は,積の法則により

$$_{12}C_4 \times _8C_4 = \frac{12 \cdot 11 \cdot 10 \cdot 9}{4 \cdot 3 \cdot 2 \cdot 1} \times \frac{8 \cdot 7 \cdot 6 \cdot 5}{4 \cdot 3 \cdot 2 \cdot 1} = 34650$$

答 34650通り

(2) (1)の分け方で, A, B, C の名前の区別をなくすと,同じ分け方になるものが

それぞれ 3! 通りずつある。

よって,求める分け方の総数は $\dfrac{34650}{3!} = \dfrac{34650}{6} = 5775$

答 5775通り

28a 標準 10人の生徒を次のように分ける方法は何通りあるか。

(1) A, B の2つの組に5人ずつ分ける。

(2) 5人ずつの2つの組に分ける。

28b 標準 8人の生徒を次のように分ける方法は何通りあるか。

(1) A, B, C, D の4つの組に2人ずつ分ける。

(2) 2人ずつの4つの組に分ける。

6 同じものを含む順列

n 個のもののうち同じものがそれぞれ p 個, q 個, r 個あるとき, これらのすべてを 1 列に並べる順列の総数は $\dfrac{n!}{p!\,q!\,r!}$ ただし $p+q+r=n$

例 26 6 個の数字 1, 1, 2, 2, 2, 3 をすべて用いると, 6 桁の整数は何個できるか。

解答 6 個のうち, 1 が 2 個, 2 が 3 個, 3 が 1 個あるから, 求める整数の個数は

$$\frac{6!}{2!\,3!\,1!}=\frac{6\cdot5\cdot4\cdot3\cdot2\cdot1}{2\cdot1\times3\cdot2\cdot1\times1}=60$$

答 60 個

29a 基本 7 個の数字 1, 1, 1, 2, 2, 3, 3 をすべて用いると, 7 桁の整数は何個できるか。

29b 基本 赤玉 4 個, 青玉 3 個, 白玉 1 個を 1 列に並べる方法は何通りあるか。

例 27 NIPPON の 6 文字をすべて用いて 1 列に並べるとき, 何通りの文字列ができるか。

解答 6 個のうち, N が 2 個, I が 1 個, P が 2 個, O が 1 個あるから, 求める文字列の総数は

$$\frac{6!}{2!\,1!\,2!\,1!}=\frac{6\cdot5\cdot4\cdot3\cdot2\cdot1}{2\cdot1\times1\times2\cdot1\times1}=180$$

答 180 通り

◀ n 個のものの中に同じものがそれぞれ p 個, q 個, r 個, ……あるとき, これら n 個のもの全部を 1 列に並べる順列の総数は $\dfrac{n!}{p!\,q!\,r!\,\cdots\cdots}$ ただし $p+q+r+\cdots\cdots=n$

30a 基本 success の 7 文字をすべて用いて 1 列に並べるとき, 何通りの文字列ができるか。

30b 基本 MISSISSIPPI の 11 文字をすべて用いて 1 列に並べるとき, 何通りの文字列ができるか。

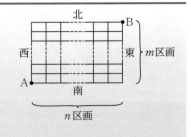

KEY 21
最短の道順

右の図のように，南北にm区画，東西にn区画ある街路において，北に1区画進むことを↑，東に1区画進むことを→で表すと，AからBまで行く最短の道順は，↑をm個，→をn個並べる同じものを含む順列で与えられる。
したがって，最短の道順の総数は
$$\frac{(m+n)!}{m!n!}$$

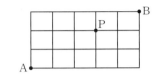

例 28 右の図のような道がある。

次の場合の最短の道順は何通りあるか。

(1) AからBへ行く。

(2) AからPを通ってBへ行く。

解答

(1) $\dfrac{8!}{3!5!} = \dfrac{8 \cdot 7 \cdot 6 \cdot 5 \cdot 4 \cdot 3 \cdot 2 \cdot 1}{3 \cdot 2 \cdot 1 \times 5 \cdot 4 \cdot 3 \cdot 2 \cdot 1} = 56$ 　　　　**答** 56通り

(2) AからPへ行く最短の道順は $\dfrac{5!}{2!3!} = \dfrac{5 \cdot 4 \cdot 3 \cdot 2 \cdot 1}{2 \cdot 1 \times 3 \cdot 2 \cdot 1} = 10$ すなわち，10通りある。

また，PからBへ行く最短の道順は $\dfrac{3!}{1!2!} = \dfrac{3 \cdot 2 \cdot 1}{1 \times 2 \cdot 1} = 3$ すなわち，3通りある。

よって，求める道順の総数は，積の法則により 　　10×3＝30 　　**答** 30通り

31a 標準 右の図のような道がある。次の場合の最短の道順は何通りあるか。

(1) AからBへ行く。

(2) AからPを通ってBへ行く。

31b 標準 右の図のような道がある。次の場合の最短の道順は何通りあるか。

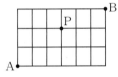

(1) AからBへ行く。

(2) AからPを通ってBへ行く。

考えてみよう 5 例28において，AからPを通らないでBへ行く最短の道順は何通りあるか求めてみよう。

検印

例題 2 0を含む場合の整数の順列

5個の数字0，1，2，3，4の中から異なる3個を並べてできる次のような数は何個あるか。

(1) 3桁の整数　　　　　　　　　　(2) 3桁の奇数

【ガイド】 (1) 百の位は0以外である。

(2) 一の位は1か3である。

解答 (1) 百の位は，0以外の4通り。

十の位と一の位は，残り4個の数字の中から2個を選んで並べるから，$_4P_2$ 通り。

したがって，求める数の個数は，積の法則により

$$4 \times {}_4P_2 = 4 \times 4 \cdot 3 = 48$$

答 48個

百の位　十の位　一の位

↑

0以外　　$_4P_2$ 通り

(2) 一の位は1か3の2通り。

百の位は，一の位と0以外の3個の数字の中から選べばよいから，3通り。

十の位は，残りの3個の数字の中から選べばよいから，3通り。

したがって，求める数の個数は，積の法則により

$$2 \times 3 \times 3 = 18$$

答 18個

百の位　十の位　一の位

↑　　　　　　　　　奇数

0以外

練習 2 6個の数字0，1，2，3，4，5の中から異なる3個を並べてできる次のような数は何個あるか。

(1) 3桁の整数

(2) 3桁の奇数

a，b，c，d，e，f の 6 人が円形に並ぶとき，次のような並び方は何通りあるか。

(1) a と b が隣り合う。　　　　　　(2) a と b が向かい合う。

【ガイド】 (1) 隣り合う a と b をまとめて 1 組と考える。

(2) a の位置を固定すると，b の位置もきまるから，残りの 4 人を 1 列に並べると考える。

解答 (1) 隣り合う a と b をひとまとめにして考えると，a と b の 1 組と残りの 4 人が円形に並ぶ並び方は $(5-1)!$ 通り。

また，ひとまとめにした a と b の並び方は $2!$ 通り。

よって，求める並び方の総数は，積の法則により

$$(5-1)! \times 2! = 24 \times 2 = 48$$

答 48通り

(2) a を固定すると，向かいには b が並ぶから，a と b の並び方は 1 通り。

残りの 4 つの位置に c，d，e，f の 4 人が並べばよい。

その並び方は 4 人を 1 列に並べると考えればよいから，4! 通り。

よって，求める並び方の総数は

$$1 \times 4! = 1 \times 24 = 24$$

答 24通り

練習 3 おとな 2 人と子ども 6 人が円形に並ぶとき，次のような並び方は何通りあるか。

(1) おとな 2 人が隣り合う。

(2) おとな 2 人が向かい合う。

例題 4 平行四辺形の個数

右の図のように，横に引いた 4 本の平行線と斜めに引いた 3 本の平行線が交わっている。この図の中に平行四辺形は何個あるか。

【ガイド】 右の影のついた平行四辺形は，

横に引いた線 a，c と
斜めに引いた線 f，g

で決まる。

したがって，求める平行四辺形の個数は，横に引いた 4 本の平行線と斜めに引いた 3 本の平行線のうちからそれぞれ 2 本ずつ選ぶ方法の総数に等しい。

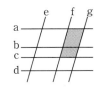

◀ 2 組の平行線を決めると，平行四辺形が 1 つ決まる。

解答 4 本の平行線から 2 本を選ぶ方法は $_4C_2$ 通り。

また，3 本の平行線から 2 本を選ぶ方法は $_3C_2$ 通り。

よって，求める平行四辺形の個数は，積の法則により

$$_4C_2 \times {}_3C_2 = \frac{4 \cdot 3}{2 \cdot 1} \times \frac{3 \cdot 2}{2 \cdot 1} = 18$$

答 18個

練習 4 次の問いに答えよ。

(1) 右の図のように，横に引いた 4 本の平行線と斜めに引いた 5 本の平行線が交わっている。この図の中に平行四辺形は何個あるか。

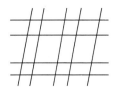

(2) 右の図の中に長方形は何個あるか。

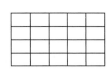

8人の中から，3人の委員を選ぶとき，次のような選び方は何通りあるか。

(1) 特定の1人aが選ばれる。

(2) 特定の2人a，bのうち，aは選ばれるがbは選ばれない。

【ガイド】 特定のものを含む(含まない)ときは，それを除いた残りのもので考える。

解答 (1) aを先に選んでおき，残りの7人から2人を選べばよい。

よって，求める選び方の総数は $\quad {}_7C_2 = \dfrac{7 \cdot 6}{2 \cdot 1} = 21$　　　　答 21通り

(2) aを先に選んでおき，a，bを除いた6人から2人を選べばよい。

よって，求める選び方の総数は $\quad {}_6C_2 = \dfrac{6 \cdot 5}{2 \cdot 1} = 15$　　　　答 15通り

練習 5　1から9までの番号が書かれた9枚のカードの中から，4枚を選ぶとき，次のような選び方は何通りあるか。

(1) 1を含む。

(2) 1と2をともに含む。

(3) 1は含むが2は含まない。

例題 6　重複を許して作る組合せ

次の問いに答えよ。

(1) a, b, c の3種類の文字から同じものを何個取ってもよいとして，8個取る組合せは何通りあるか。

(2) $x+y+z=6$ を満たす0以上の整数の組 (x, y, z) の総数を求めよ。

【ガイド】 (1)　8個の文字を○で表し，2個の仕切り｜で文字を分けると，たとえば

　　　a が3個，b が4個，c が1個　は　○○○｜○○○○｜○
　　　a が5個，b が0個，c が3個　は　○○○○○｜｜○○○
　　　a が0個，b が3個，c が5個　は　｜○○○｜○○○○○

のように，8個の○と2個の｜の順列で文字の取り方を表すことができる。

(2)　6個の○と2個の仕切り｜の順列を考え，仕切りで分けられた3つの部分の○の個数を，左から順に x, y, z とする。

たとえば　○○｜○○○｜○　は　$(x, y, z)=(2, 3, 1)$　を表す。

解答 (1)　求める組合せの総数は，8個の○と2個の｜の並べ方の総数と等しいから

$$\frac{10!}{8!2!}=\frac{10\cdot 9}{2\cdot 1}=45$$

答 45通り

(2)　求める組の総数は，6個の○と2個の｜の並べ方の総数と等しいから

$$\frac{8!}{6!2!}=\frac{8\cdot 7}{2\cdot 1}=28$$

答 28通り

練習 6　次の問いに答えよ。

(1) 缶ジュースを6本買いたい。缶ジュースの種類は4種類ある。何通りの買い方ができるか。

(2) りんご10個を3人に分けるとき，何通りの分け方があるか。

(3) $x+y+z=9$ を満たす0以上の整数の組 (x, y, z) の総数を求めよ。

1 節 確率の基本性質といろいろな確率

1 事象と確率

試行と事象

- 試行…「さいころを投げる」,「くじを引く」などのように,その結果が偶然によって決まる実験や観察。
- 事象…さいころを投げて「奇数の目が出る」,くじを引いて「当たる」などのように,試行の結果として起こる事柄。A, B, C などの文字で表す。
- 全事象… 1 つの試行において,起こり得る結果の全体の集合。U で表す。
- 根元事象…全事象 U のただ 1 つの要素からなる集合で表される事象。

例 29　2 枚の硬貨 a,b を同時に投げる試行において,たとえば「硬貨 a は表,硬貨 b は裏が出る」ことを(表,裏)で表すことにする。このとき,次の事象を集合で表せ。
- (1) 全事象 U
- (2) 1 枚だけ表が出る事象 A
- (3) 根元事象

解答
- (1) $U=\{(表,表),(表,裏),(裏,表),(裏,裏)\}$ ◀(表,裏)と(裏,表)は区別する。
- (2) $A=\{(表,裏),(裏,表)\}$
- (3) $\{(表,表)\}, \{(表,裏)\}, \{(裏,表)\}, \{(裏,裏)\}$

32a 基本　1 から 9 までの番号が書かれた 9 枚のカードから,1 枚を引く試行において,たとえば「1 を引く」ことを数字 1 で表すことにする。このとき,次の事象を集合で表せ。
- (1) 全事象 U
- (2) 奇数を引く事象 A
- (3) 4 の倍数を引く事象 B

32b 基本　a,b,c の 3 人がじゃんけんをする。たとえば,a がグー,b がチョキ,c がパーを出すことを,(グ,チ,パ)と表すことにする。このとき,次の事象を集合で表せ。
- (1) a だけが勝つ事象 A
- (2) あいこになる事象 B

検印

事象の確率

$$P(A)=\frac{事象 A が起こる場合の数}{起こり得るすべての場合の数}=\frac{n(A)}{n(U)}$$

例 30　1 個のさいころを投げるとき,偶数の目が出る確率を求めよ。

解答　起こり得る目の出方は,全部で 6 通りあり,これらは同様に確からしい。
このうち,偶数の目の出方は,2 と 4 と 6 の 3 通り。
よって,求める確率は　$\dfrac{3}{6}=\dfrac{1}{2}$

33a 基本 6本の当たりくじを含む20本のくじがある。この中から1本引くとき，当たる確率を求めよ。

33b 基本 1から30までの番号を書いた30枚のカードから，1枚を引くとき，番号が5の倍数である確率を求めよ。

34a 基本 大，小2個のさいころを同時に投げるとき，目の和が5の倍数になる確率を求めよ。

34b 基本 2枚の硬貨を同時に投げるとき，2枚とも表が出る確率を求めよ。

例 31 3本の当たりくじを含む12本のくじがある。この中から同時に2本引くとき，2本とも当たる確率を求めよ。

解答 12本のくじを区別して考え，その中から2本を引く方法は全部で $_{12}C_2$ 通りあり，これらは同様に確からしい。

このうち，2本とも当たりとなる引き方は $_3C_2$ 通り。

よって，求める確率は $\dfrac{_3C_2}{_{12}C_2}=\dfrac{3}{66}=\dfrac{1}{22}$

◀ $_3C_2=\dfrac{3\cdot2}{2\cdot1}=3$, $_{12}C_2=\dfrac{12\cdot11}{2\cdot1}=66$

35a 標準 1から9までの番号が書かれた9枚のカードから，同時に3枚引くとき，3枚とも番号が偶数である確率を求めよ。

35b 標準 赤玉5個と白玉3個が入っている袋から同時に2個取り出すとき，2個とも赤玉である確率を求めよ。

1から9までの番号が書かれた9枚のカードから，同時に4枚引くとき，偶数と奇数が2枚ずつである確率を求めよ。

解答 9枚から4枚を引く方法は全部で $_9C_4$ 通りあり，これらは同様に確からしい。

9枚のうち，偶数は4枚，奇数は5枚あるから，偶数と奇数が2枚ずつとなる引き方は $_4C_2 \times _5C_2$ 通り。

よって，求める確率は $\dfrac{_4C_2 \times _5C_2}{_9C_4} = \dfrac{6 \times 10}{126} = \dfrac{10}{21}$

36a 標準 赤玉6個と白玉4個が入っている袋から，同時に3個取り出すとき，赤玉1個，白玉2個である確率を求めよ。

36b 標準 4本の当たりくじを含む10本のくじがある。この中から同時に3本引くとき，1本だけ当たる確率を求めよ。

37a 標準 おとな2人と子ども4人がくじ引きで順番を決め，横1列に並ぶとき，おとなが隣り合う確率を求めよ。

37b 標準 1年生3人と2年生2人がくじ引きで順番を決め，横1列に並ぶとき，1年生が両端にくる確率を求めよ。

2 確率の基本的な性質

KEY 24
積事象，和事象

2つの事象 A，B に対して，
「A と B がともに起こる」事象を A と B の積事象といい，$A \cap B$ で表す。
「A または B が起こる」事象を A と B の和事象といい，$A \cup B$ で表す。

例 33 1から20までの番号が書かれた20枚のカードから，1枚を引くとき，番号が3の倍数である事象を A，5の倍数である事象を B とする。積事象 $A \cap B$ と和事象 $A \cup B$ を集合で表せ。

解答 積事象 $A \cap B$ は，3の倍数であり5の倍数である事象より
$$A \cap B = \{15\} \quad \blacktriangleleft 15の倍数$$
和事象 $A \cup B$ は，3の倍数または5の倍数である事象より
$$A \cup B = \{3,\ 5,\ 6,\ 9,\ 10,\ 12,\ 15,\ 18,\ 20\}$$

38a [基本] 1から15までの番号が書かれた15枚のカードから，1枚を引くとき，番号が2の倍数である事象を A，3の倍数である事象を B とする。積事象 $A \cap B$ と和事象 $A \cup B$ を集合で表せ。

38b [基本] 1個のさいころを投げるとき，奇数の目が出る事象を A，4以下の目が出る事象を B とする。積事象 $A \cap B$ と和事象 $A \cup B$ を集合で表せ。

検印

KEY 25
排反事象

1つの試行で2つの事象 A，B が同時に起こらないとき，すなわち $A \cap B = \varnothing$ のとき，A と B は互いに排反であるという。

例 34 1個のさいころを投げるとき，偶数の目が出る事象を A，奇数の目が出る事象を B，3以下の目が出る事象を C とする。次のうち，互いに排反であるものをすべて答えよ。
$$A と B, \quad A と C, \quad B と C$$

解答 3以下の目は1と2と3である。
したがって，互いに排反であるものは A と B である。 $\blacktriangleleft A \cap B = \varnothing,\ A \cap C = \{2\},\ B \cap C = \{1,\ 3\}$

39a [基本] 赤玉2個と白玉2個が入っている袋から，同時に2個取り出すとき，2個とも赤玉である事象を A，2個とも白玉である事象を B，少なくとも1個は赤玉である事象を C とする。次のうち，互いに排反であるものをすべて答えよ。
$$A と B, \quad A と C, \quad B と C$$

39b [基本] 1から30までの番号が書かれた30枚のカードから，1枚を引くとき，番号が4の倍数である事象を A，5の倍数である事象を B，7の倍数である事象を C とする。次のうち，互いに排反であるものをすべて答えよ。
$$A と B, \quad A と C, \quad B と C$$

検印

KEY 26
確率の加法定理

事象AとBが互いに排反であるとき
$$P(A \cup B) = P(A) + P(B)$$

例 35 4本の当たりくじを含む10本のくじがある。この中から同時に3本引くとき，3本とも当たるか，または3本ともはずれる確率を求めよ。

解答 3本とも当たる事象をA，3本ともはずれる事象をBとすると，求める確率は$P(A \cup B)$である。

ここで $P(A) = \dfrac{{}_4 C_3}{{}_{10} C_3} = \dfrac{4}{120}$, $P(B) = \dfrac{{}_6 C_3}{{}_{10} C_3} = \dfrac{20}{120}$

また，AとBは互いに排反であるから，求める確率は

$$P(A \cup B) = P(A) + P(B) = \frac{4}{120} + \frac{20}{120} = \frac{24}{120} = \frac{1}{5}$$

40a 標準 3本の当たりくじを含む10本のくじがある。この中から同時に2本引くとき，2本とも当たるか，または2本ともはずれる確率を求めよ。

40b 標準 1から10までの番号が書かれた10枚のカードから，同時に3枚引くとき，番号が3枚とも偶数，または3枚とも奇数である確率を求めよ。

41a 標準 赤玉7個と白玉4個が入っている袋から，同時に2個の玉を取り出すとき，それらが同じ色である確率を求めよ。

41b 標準 A組5人とB組4人の中から，3人の委員をくじ引きで選ぶとき，3人とも同じ組である確率を求めよ。

考えてみよう 6 白玉5個，赤玉4個，青玉3個が入っている袋から，3個の玉を同時に取り出すとき，3個とも同じ色である確率を求めてみよう。

検印

KEY 27
一般の和事象の確率

2つの事象 A, B に対して
$$P(A \cup B) = P(A) + P(B) - P(A \cap B)$$

例 36 1から100までの番号が書かれた100枚のカードから，1枚を引くとき，番号が3の倍数または5の倍数である確率を求めよ。

解答 番号が3の倍数である事象を A，番号が5の倍数である事象を B とすると，

$A = \{3 \cdot 1, \ 3 \cdot 2, \ 3 \cdot 3, \ \cdots\cdots, \ 3 \cdot 33\}$,

$B = \{5 \cdot 1, \ 5 \cdot 2, \ 5 \cdot 3, \ \cdots\cdots, \ 5 \cdot 20\}$,

$A \cap B = \{15 \cdot 1, \ 15 \cdot 2, \ 15 \cdot 3, \ \cdots\cdots, \ 15 \cdot 6\}$　◀15の倍数

であるから　$P(A) = \dfrac{33}{100}$, 　$P(B) = \dfrac{20}{100}$, 　$P(A \cap B) = \dfrac{6}{100}$

よって，求める確率 $P(A \cup B)$ は

$$P(A \cup B) = P(A) + P(B) - P(A \cap B) = \frac{33}{100} + \frac{20}{100} - \frac{6}{100} = \frac{47}{100}$$

42a 標準 1から50までの番号が書かれた50枚のカードから，1枚を引くとき，番号が1桁の数または3の倍数である確率を求めよ。

42b 標準 1から80までの番号が書かれた80枚のカードから，1枚を引くとき，番号が4または5で割り切れる確率を求めよ。

3 余事象の確率

事象Aの余事象を$\overline{A}$とすると
$$P(\overline{A})=1-P(A)$$

例 37 3枚の硬貨を同時に投げるとき，少なくとも1枚は表が出る確率を求めよ。

解答 「3枚とも裏が出る」事象をAとすると，「少なくとも1枚は表が出る」事象は，Aの余事象$\overline{A}$である。

$P(A)=\dfrac{1}{2^3}=\dfrac{1}{8}$ であるから，求める確率は

$$P(\overline{A})=1-P(A)=1-\dfrac{1}{8}=\dfrac{7}{8}$$

43a 基本 1から100までの番号が書かれた100枚のカードから，1枚を引くとき，6の倍数でないカードを引く確率を求めよ。

43b 基本 大，小2個のさいころを同時に投げるとき，異なる目が出る確率を求めよ。

44a 標準 4本の当たりくじを含む12本のくじがある。この中から3本を同時に引くとき，少なくとも1本当たる確率を求めよ。

44b 標準 a, b, c, dの4人を含む10人の中から，2人の委員をくじ引きで選ぶとき，a, b, c, dの4人から少なくとも1人が選ばれる確率を求めよ。

4 独立な試行の確率

KEY 29
独立な試行の確率

2つの試行 T_1 と T_2 が独立であるとき，T_1 で事象Aが起こり，T_2 で事象Bが起こる確率は $P(A) \times P(B)$
このことは，独立な3つ以上の試行についても，同様に成り立つ。

例 38　3本の当たりくじを含む10本のくじの中から，くじを1本引いてもとに戻すことを2回くり返す。1回目にはずれくじを引き，2回目に当たりくじを引く確率を求めよ。

解答　1回目にくじを引く試行と2回目にくじを引く試行は独立であるから，求める確率は
$$\frac{7}{10} \times \frac{3}{10} = \frac{21}{100}$$

45a 基本 1個のさいころを2回続けて投げるとき，1回目に3の倍数の目が出て，2回目に2の倍数の目が出る確率を求めよ。

45b 基本 10本のくじの中に当たりくじが2本入っている。このくじをaが先に1本引き，引いたくじをもとに戻してからbが1本引くとき，aだけが当たる確率を求めよ。

例 39　赤玉3個と白玉1個が入っている袋Aと，赤玉3個と白玉2個が入っている袋Bがある。袋Aと袋Bの中から1個ずつ玉を取り出すとき，2個とも白玉が出る確率を求めよ。

解答　袋Aから白玉が出る確率は $\frac{1}{4}$，　袋Bから白玉が出る確率は $\frac{2}{5}$

袋Aと袋Bの中から玉を取り出す2つの試行は独立であるから，求める確率は　$\frac{1}{4} \times \frac{2}{5} = \frac{1}{10}$

46a 基本 例39の袋Aと袋Bの中から玉を1個ずつ取り出すとき，袋Aから赤玉が出て，袋Bから白玉が出る確率を求めよ。

46b 基本 サッカー部のa，bの2人の選手は，ペナルティーキックの成功率がそれぞれ $\frac{7}{8}$，$\frac{3}{5}$ である。2人が1回ずつペナルティーキックをするとき，aが成功し，bが失敗する確率を求めよ。

考えてみよう 7 a, b, cの3人が，あるテストに合格する確率はそれぞれ $\frac{3}{5}$, $\frac{1}{3}$, $\frac{1}{2}$ であるという。aだけが合格する確率を求めてみよう。

検印

5 反復試行の確率

KEY 30
KEY 30
反復試行の確率

1回の試行で事象Aが起こる確率をpとする。
この試行をn回くり返すとき，事象Aがr回だけ起こる確率は　　${}_nC_r\, p^r(1-p)^{n-r}$

例 40 1個のさいころを4回投げるとき，6の目が3回だけ出る確率を求めよ。

解答 1個のさいころを1回投げて，6の目が出る確率は$\dfrac{1}{6}$，それ以外の目が出る確率は$1-\dfrac{1}{6}=\dfrac{5}{6}$

よって，求める確率は　　${}_4C_3\left(\dfrac{1}{6}\right)^3\left(\dfrac{5}{6}\right)^{4-3}=4\times\left(\dfrac{1}{6}\right)^3\left(\dfrac{5}{6}\right)^1=\dfrac{5}{324}$

47a 基本 1個のさいころを4回投げるとき，3の倍数の目が3回だけ出る確率を求めよ。

47b 基本 1枚の硬貨を6回投げるとき，表が2回だけ出る確率を求めよ。

48a 基本 1から30までの番号が書かれた30枚のカードから，1枚ずつ5回取り出すとき，偶数のカードが3回だけ出る確率を求めよ。ただし，取り出したカードはもとに戻すものとする。

48b 基本 赤玉9個と白玉3個が入っている袋から玉を1個取り出し，色を確認して袋に戻す試行を4回くり返す。このとき，赤玉が3回だけ出る確率を求めよ。

例 41 白玉2個と赤玉3個が入っている袋から玉を1個取り出し，色を確認して袋に戻す試行を4回くり返す。このとき，白玉を3回以上取り出す確率を求めよ。

解答 袋から玉を1個取り出すとき，それが白玉である確率は $\dfrac{2}{5}$，赤玉である確率は $\dfrac{3}{5}$ である。

この試行を4回くり返したとき，

白玉が3回出る確率は $\quad {}_4\mathrm{C}_3\left(\dfrac{2}{5}\right)^3\left(\dfrac{3}{5}\right)^1 = 4\times\left(\dfrac{2}{5}\right)^3\left(\dfrac{3}{5}\right)^1 = \dfrac{96}{625}$

白玉が4回出る確率は $\quad {}_4\mathrm{C}_4\left(\dfrac{2}{5}\right)^4 = \left(\dfrac{2}{5}\right)^4 = \dfrac{16}{625}$

よって，求める確率は，加法定理により $\quad \dfrac{96}{625} + \dfrac{16}{625} = \dfrac{112}{625}$

◀「白玉が3回以上」には「白玉が3回」の事象と「白玉が4回」の事象があり，これらは互いに排反である。

49a 標準 野球部のa選手は，1回の打席でヒットを打つ確率が $\dfrac{1}{3}$ である。a選手が3回打席に立つとき，2回以上ヒットを打つ確率を求めよ。

49b 標準 1個のさいころを6回投げるとき，1または2の目が4回以上出る確率を求めよ。

6 条件つき確率

事象Aが起こったときに事象Bが起こる確率を，
Aが起こったときのBが起こる条件つき確率といい，$P_A(B)$で表す。

例 42 箱の中に，1か2の数字が書かれた赤玉と白玉が右の表のように入っている。玉を1個取り出すとき，赤玉である事象をA，1が書かれている事象をBとする。赤玉を取り出したことがわかったとき，それに1が書かれている確率$P_A(B)$を求めよ。

数字＼色	赤	白	計
1	5	4	9
2	8	3	11
計	13	7	20

解答 $P_A(B) = \dfrac{5}{13}$ 　　　　　 ◀ $P_A(B) = \dfrac{n(A \cap B)}{n(A)}$

50a 基本 例42において，白玉を取り出したことがわかったとき，それに1が書かれている確率$P_{\overline{A}}(B)$を求めよ。

50b 基本 例42において，1が書かれた玉を取り出したことがわかったとき，それが赤玉である確率$P_B(A)$を求めよ。

検印

$$P(A \cap B) = P(A) \times P_A(B)$$

例 43 赤玉5個と白玉3個が入っている袋から，a，bの2人が玉を取り出す。最初にaが1個取り出し，それをもとに戻さないで，次にbが1個取り出す。このとき，次の確率を求めよ。

(1) aとbの2人とも赤玉を取り出す確率　　(2) bが赤玉を取り出す確率

解答 (1) aが赤玉を取り出す事象をA，bが赤玉を取り出す事象をBとすると

$$P(A) = \dfrac{5}{8}$$

事象Aが起こったときの事象Bが起こる条件つき確率$P_A(B)$は

$$P_A(B) = \dfrac{4}{7}$$

◀ aが赤玉を1個取り出すと，玉は7個になり，その中で赤玉は4個である。

よって，2人とも赤玉を取り出す確率$P(A \cap B)$は，乗法定理により

$$P(A \cap B) = P(A)P_A(B) = \dfrac{5}{8} \times \dfrac{4}{7} = \dfrac{5}{14}$$

(2) bが赤玉を取り出すのは，次の2つの場合がある。

(i) aが赤玉，bも赤玉の場合

この確率は，(1)より　$P(A \cap B) = \dfrac{5}{14}$

(ii) aが白玉，bが赤玉の場合

この確率は，乗法定理により　$P(\overline{A} \cap B) = P(\overline{A})P_{\overline{A}}(B) = \dfrac{3}{8} \times \dfrac{5}{7} = \dfrac{15}{56}$

(i)，(ii)の事象は互いに排反であるから，求める確率は

$$P(B) = P(A \cap B) + P(\overline{A} \cap B) = \dfrac{5}{14} + \dfrac{15}{56} = \dfrac{35}{56} = \dfrac{5}{8}$$

（図）a, b の樹形図：
$\dfrac{5}{8}$，$\dfrac{3}{8}$，$\dfrac{4}{7}$，$\dfrac{3}{7}$，$\dfrac{5}{7}$，$\dfrac{2}{7}$
●…赤玉，○…白玉

51a 基本 例43において，aとbの2人とも白玉を取り出す確率を求めよ。

51b 基本 4本の当たりくじを含む10本のくじを，a, bの2人が引く。最初にaが1本引き，それをもとに戻さないで，次にbが1本引く。このとき，2人とも当たる確率を求めよ。

52a 標準 4本の当たりくじを含む15本のくじを，a, bの2人が引く。最初にaが1本引き，それをもとに戻さないで，次にbが1本引く。このとき，bが当たる確率を求めよ。

52b 標準 1から9までの番号が書かれた9枚のカードから，1枚ずつ2回カードを引くとき，2回目に偶数を引く確率を求めよ。ただし，引いたカードはもとに戻さないものとする。

x が x_1, x_2, x_3, ……, x_n のいずれかの値をとり，これらの値をとる確率がそれぞれ p_1, p_2, p_3, ……, p_n であるとき

$$x_1p_1+x_2p_2+x_3p_3+……+x_np_n$$

の値を x の期待値という。
ただし　$p_1+p_2+p_3+……+p_n=1$

x の値	x_1	x_2	x_3	……	x_n	計
確率	p_1	p_2	p_3	……	p_n	1

例 44 赤玉 4 個と白玉 3 個が入っている袋から 2 個の玉を同時に取り出す。このとき，赤玉が出る個数の期待値を求めよ。

解答 赤玉が出る個数は，0 個，1 個，2 個のいずれかである。

それぞれの事象が起こる確率は次の通りである。

$$\frac{{}_3C_2}{{}_7C_2}=\frac{3}{21}, \quad \frac{{}_4C_1\times{}_3C_1}{{}_7C_2}=\frac{12}{21}, \quad \frac{{}_4C_2}{{}_7C_2}=\frac{6}{21}$$

よって，求める期待値は

$$0\times\frac{3}{21}+1\times\frac{12}{21}+2\times\frac{6}{21}=\frac{8}{7} \text{ (個)}$$

赤玉の数	0	1	2	計
確率	$\frac{3}{21}$	$\frac{12}{21}$	$\frac{6}{21}$	1

◀赤玉の個数とそれぞれの確率についてまとめた表を作る。

53a 基本 総数200本のくじに，右のような賞金がついている。
このくじを 1 本引いて得られる賞金の期待値を求めよ。

	賞金	本数
1等	10000円	5本
2等	5000円	10本
3等	1000円	20本
4等	500円	50本
はずれ	0円	115本
計		

53b 基本 さいころを 1 回投げて，1 の目が出たら100円，2 か 3 の目が出たら70円，それ以外の目が出たら10円もらえるものとする。さいころを 1 回投げるとき，受け取る金額の期待値を求めよ。

54a 基本 赤玉5個と白玉3個が入っている袋から3個の玉を同時に取り出す。このとき，赤玉が出る個数の期待値を求めよ。

54b 基本 3本の当たりくじを含む10本のくじがある。このくじを2本同時に引くとき，当たりくじの本数の期待値を求めよ。

KEY 34　期待値と参加料などを比較して，有利か不利かを判断する。

有利不利の判断

例45 総数1000本のくじに，右のような賞金がついている。
このくじが1本30円で売られているとき，このくじを買うことは有利か。

賞金	本数
10000円	1本
1000円	10本
100円	50本
はずれ	939本
計	1000本

解答　1本買ったときの賞金の期待値は

$$10000 \times \frac{1}{1000} + 1000 \times \frac{10}{1000} + 100 \times \frac{50}{1000} + 0 \times \frac{939}{1000} = 25 \ (円)$$

よって，賞金の期待値がくじ1本の値段より小さいから，**くじを買う方が不利である。**

55a 標準 例45において，10000円が1本，2000円が3本，500円が30本，はずれが966本のときは，このくじを買うことは有利か。

55b 標準 1枚の硬貨を2回投げて，2回とも表が出たら100円，2回とも裏が出たら50円，その他の場合は10円もらえるゲームがある。このゲームに50円はらって参加することは有利か。

例題 7 優勝する確率

野球チームAとBが対戦し，先に3勝した方を優勝とする。AチームがBチームに勝つ確率は $\dfrac{1}{3}$ で，引き分けはないとするとき，次の確率を求めよ。

(1) 4試合目でAチームが優勝する確率 (2) Aチームが優勝する確率

【ガイド】 (1) 3試合目までに，Aが何勝何敗になっていなければならないかを考える。

(2) Aが優勝するまでの試合数で場合分けする。

解答 (1) 4試合目でAが優勝するには，3試合目までに2勝1敗で，4試合目に勝てばよいから，求める確率は

$$_3C_2\left(\frac{1}{3}\right)^2\left(\frac{2}{3}\right)^1\times\frac{1}{3}=\frac{2}{27}$$

(2) (1)の場合以外にAが優勝するまでの試合数は，3試合と5試合の場合がある。

3試合目でAが優勝する確率は $\left(\dfrac{1}{3}\right)^3=\dfrac{1}{27}$ ◀1試合目から3連勝する。

5試合目でAが優勝する確率は $_4C_2\left(\dfrac{1}{3}\right)^2\left(\dfrac{2}{3}\right)^2\times\dfrac{1}{3}=\dfrac{8}{81}$ ◀4試合目までに2勝2敗で，5試合目に勝つ。

これらの事象は互いに排反であるから，求める確率は

$$\frac{1}{27}+\frac{2}{27}+\frac{8}{81}=\frac{17}{81}$$

練習 7 バレーボールのチームAとBが試合をし，先に2セットをとったチームの勝ちとする。Aチームがセットをとる確率が $\dfrac{3}{5}$ であるとき，Aチームが試合に勝つ確率を求めよ。

検印

例題 8 数直線上を移動する点についての確率

数直線上の原点Oを出発点として動く点Pがある。1枚の硬貨を投げて，表が出たときは $+1$ だけ移動し，裏が出たときは -1 だけ移動する。硬貨を5回投げたとき，点Pの座標が -1 である確率を求めよ。

【ガイド】表が出る回数を求め，反復試行の確率を計算する。

解答 硬貨を5回投げて表が出る回数を x とすると，裏が出る回数は $5-x$ である。

5回投げたとき，点Pの座標は $1 \times x + (-1) \times (5-x) = 2x-5$

点Pの座標が -1 であるから $2x-5=-1$

これを解いて $x=2$

よって，点Pの座標が -1 となるのは，表が2回，裏が3回出たときである。

したがって，求める確率は $\displaystyle {}_5C_2\left(\frac{1}{2}\right)^2\left(\frac{1}{2}\right)^3=\frac{5}{16}$

練習 8 数直線上の原点Oを出発点として動く点Pがある。さいころを投げて，4以下の目が出たときは $+1$ だけ移動し，5または6の目が出たときは -1 だけ移動する。さいころを6回投げたとき，次の確率を求めよ。

(1) 点Pが原点にある確率

(2) 点Pの座標が2である確率

やや複雑な条件つき確率

aの袋には赤玉4個と白玉3個，bの袋には赤玉3個と白玉2個が入っている。aの袋から玉を1個取り出してbの袋に入れ，よく混ぜてから玉を1個取り出す。このとき，次の確率を求めよ。

(1) bの袋から赤玉が取り出される確率

(2) bの袋から赤玉が取り出されたとき，最初にaの袋から取り出されたのが赤玉である確率

【ガイド】 (1) aの袋から取り出された玉が，赤玉の場合と白玉の場合に分けて考える。

(2) aの袋から赤玉が取り出される事象をA，bの袋から赤玉が取り出される事象をBとすると，求める確率は$P_B(A)$である。

解答 (1) aの袋から赤玉が取り出される事象をA，bの袋から赤玉が取り出される事象をBとする。

事象Bは，排反である2つの事象$A \cap B$と$\overline{A} \cap B$の和事象である。

$$P(A \cap B) = P(A)P_A(B) = \frac{4}{7} \times \frac{4}{6} = \frac{16}{42}$$　◀ bの袋には赤玉が1個増えている。

$$P(\overline{A} \cap B) = P(\overline{A})P_{\overline{A}}(B) = \frac{3}{7} \times \frac{3}{6} = \frac{9}{42}$$　◀ bの袋には白玉が1個増えている。

よって，求める確率は

$$P(B) = P(A \cap B) + P(\overline{A} \cap B) = \frac{16}{42} + \frac{9}{42} = \frac{\mathbf{25}}{\mathbf{42}}$$

(2) 求める確率は$P_B(A)$であるから

$$P_B(A) = \frac{P(B \cap A)}{P(B)} = \frac{P(A \cap B)}{P(B)} = \frac{16}{42} \div \frac{25}{42} = \frac{\mathbf{16}}{\mathbf{25}}$$

練習 9 **例題9**において，次の確率を求めよ。

(1) bの袋から白玉が取り出される確率

(2) bの袋から白玉が取り出されたとき，最初にaの袋から取り出されたのが赤玉である確率

例題 10　期待値の比較による有利不利の判断

ある部品メーカーが新製品を製造する機械の導入を考えている。機械はA，Bの2種類があり，どちらの機械を用いても，良品ならば利益を生むが，不良品ならば損失を出し，その性能は右の表のようになっている。どちらの機械を購入する方が有利であるか。

	良品1個あたりの利益	不良品1個あたりの損失	不良品の出る確率
機械A	100円	20円	0.05
機械B	98円	75円	0.02

【ガイド】　機械Aによって，不良品1個あたり20円の損失が出ることを，－20円の利益と考える。機械Bの場合についても同様に，75円の損失を－75円の利益と考える。

解答　機械Aを購入した場合の利益の期待値は

$$100 \times (1-0.05) + (-20) \times 0.05 = 100 \times 0.95 - 20 \times 0.05 = 95 - 1 = 94 \ (円)$$

機械Bを購入した場合の利益の期待値は

$$98 \times (1-0.02) + (-75) \times 0.02 = 98 \times 0.98 - 75 \times 0.02 = 96.04 - 1.5 = 94.54 \ (円)$$

よって，機械Bの方が期待値が大きいから，**機械Bを購入した方が有利である。**

練習 10　あるクラスが高校の文化祭で，「たい焼き」または「たこ焼き」を作って販売しようとしている。それぞれの利益・損失の状況は右の表のようになっ

	良品1個あたりの利益	不良品1個あたりの損失	不良品の出る確率
たい焼き	110円	30円	0.07
たこ焼き	30円	18円	0.1

ている。同じ時間で「たこ焼き」は「たい焼き」の4倍作れるとき，どちらを販売する方が有利であるか。

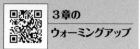
1 三角形と比

△ABC の辺 AB, AC 上またはその延長上に
それぞれ点 P, Q があるとき, PQ∥BC ならば

① AP : AB=AQ : AC
② AP : AB=PQ : BC
③ AP : PB=AQ : QC

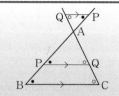

例 46 右の図において, PQ∥BC のとき, x, y を求めよ。

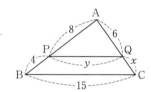

解答　AP : PB=AQ : QC であるから　8 : 4=6 : x
　　　よって　$8x=4\cdot6$　　　したがって　**$x=3$**
　　　AP : AB=PQ : BC であるから　8 : 12=y : 15
　　　よって　$12y=8\cdot15$　　　したがって　**$y=10$**

56a 基本 次の図において, PQ∥BC のとき, x, y を求めよ。

(1)

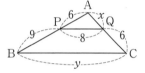

(2)

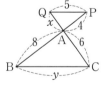

56b 基本 次の図において, x, y を求めよ。

(1)　PQ∥BC

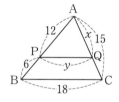

(2)　PQ∥AB

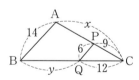

KEY 36
線分の内分と外分

線分 AB 上に点Pがあって，AP：PB＝m：n であるとき，点Pは線分 AB を m：n に内分するという。
また，線分 AB の延長上に点Qがあって，AQ：QB＝m：n であるとき，点Qは線分 AB を m：n に外分するという。このとき，$m \neq n$ である。

例 47 右の図において，次の比を求めよ。
(1) 点Bが線分 AC を内分する比
(2) 点Cが線分 AB を外分する比

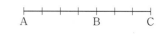

解答
(1) 4：3
(2) 7：3

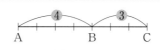

57a 基本 下の図において，次の比を求めよ。

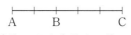

(1) 点Bが線分 AC を内分する比

(2) 点Cが線分 AB を外分する比

57b 基本 下の図において，次の比を求めよ。

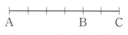

(1) 点Bが線分 AC を内分する比

(2) 点Aが線分 BC を外分する比

58a 基本 次の点を下の数直線に図示せよ。
(1) 線分 AB を 5：3 に内分する点P
(2) 線分 BA を 3：1 に内分する点Q
(3) 線分 AB を 5：1 に外分する点R
(4) 線分 BA を 7：3 に外分する点S
(5) 線分 AB の中点M

A   B

58b 基本 次の点を下の数直線に図示せよ。
(1) 線分 AB を 3：7 に内分する点P
(2) 線分 BA を 2：3 に内分する点Q
(3) 線分 AB を 1：3 に外分する点R
(4) 線分 BA を 2：7 に外分する点S
(5) 線分 AB の中点M

A   B

検印

2 角の二等分線と線分の比

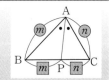
例 48 右の図の △ABC において，AP が ∠A の二等分線であるとき，
x を求めよ。

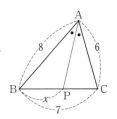

解答 AP は ∠A の二等分線であるから
BP：PC＝AB：AC
$x:(7-x)=8:6$
よって　$6x=8(7-x)$　　したがって　$x=4$

59a 基本 次の図の △ABC で，∠A の二等分
線を AP，∠B の二等分線を BQ，∠C の二等分
線を CR とする。x を求めよ。

(1)
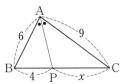

(2)
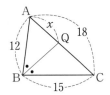

(3)
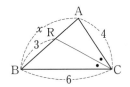

59b 基本 次の図の △ABC で，∠A の二等分
線を AP，∠B の二等分線を BQ，∠C の二等分
線を CR とする。x を求めよ。

(1)
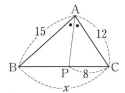

(2)
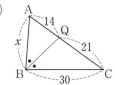

(3)
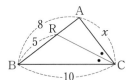

KEY 38

外角の二等分線と
線分の比

AB≠AC である △ABC において，∠A の外角の二等分
線と 辺 BC の延長との交点をQとすると

$$BQ : QC = AB : AC$$

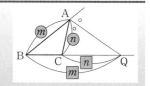

例 49 右の図の △ABC において，AQ が ∠A の外角の二等分線で
あるとき，x を求めよ。

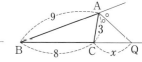

解答　AQ は ∠A の外角の二等分線であるから

$$BQ : QC = AB : AC$$

$$(8+x) : x = 9 : 3$$

よって　　$9x = 3(8+x)$　　　　したがって　　$x = 4$

60a 基本 次の図の △ABC において，x を求
めよ。

(1) AQ は ∠A の外角の二等分線

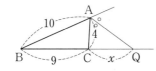

60b 基本 次の図の △ABC において，x を求
めよ。

(1) AQ は ∠A の外角の二等分線

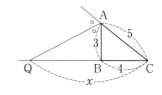

(2) CQ は ∠C の外角の二等分線

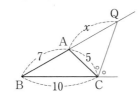

(2) BQ は ∠B の外角の二等分線

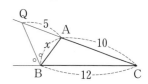

検
印

3 三角形の外心・内心・重心

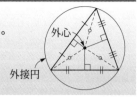

外心
外接円

例 50 右の図の点Oは △ABC の外心である。x を求めよ。

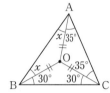

解答 OA＝OB＝OC であるから，△OAB，△OBC，△OCA は二等辺三角形である。二等辺三角形の底角は等しいから

$$\angle OAB＝\angle OBA＝x$$

$$\angle OCB＝\angle OBC＝30°$$

$$\angle OCA＝\angle OAC＝35°$$

△ABC の内角の和は 180° であるから

$$(x＋35°)＋(x＋30°)＋(30°＋35°)＝180°$$

整理すると　$2x＝50°$　　　よって　　$x＝25°$

61a 標準 次の図の点Oは △ABC の外心である。x，y を求めよ。

(1)

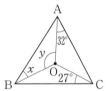

61b 標準 次の図の点Oは △ABC の外心である。x，y を求めよ。

(1)

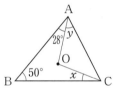

(2)

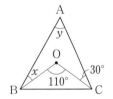

(2)

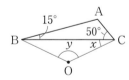

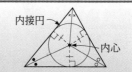

KEY 40

三角形の内心

① 三角形の3つの内角の二等分線は1点で交わる。
② どんな三角形でも，その3辺に接する円が1つある。

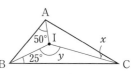

内接円

内心

例 51 右の図において，点 I は △ABC の内心である。x, y を求めよ。

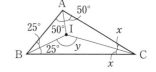

解答 IA，IB，IC は，それぞれ ∠A，∠B，∠C の二等分線であるから

∠IAC＝∠IAB＝50°，∠IBA＝∠IBC＝25°，∠ICB＝∠ICA＝x

△ABC の内角の和は 180° であるから

$(50°+50°)+(25°+25°)+(x+x)=180°$

整理すると　　$2x=30°$　　よって　　$x=15°$

△IBC の内角の和は 180° であるから　　$y+25°+x=180°$

よって　　$y=155°-x=155°-15°=\mathbf{140°}$

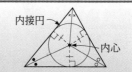

A 50°

25° 50° I x

25° y

B　x　C

62a 標準 次の図において，点 I は
△ABC の内心である。x, y を求めよ。

(1)

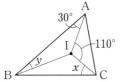

62b 標準 次の図において，点 I は
△ABC の内心である。x, y を求めよ。

(1)

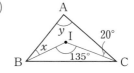

(2)

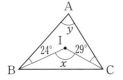

(2)

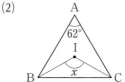

① 三角形の3本の中線は1点で交わる。この点を重心という。
② 三角形の重心は、3本の中線をそれぞれ2:1に内分する。

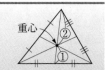

重心

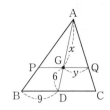

例 52 右の図において，線分 AD，PQ は △ABC の重心Gを通り，PQ∥BC である。x，y を求めよ。

解答 点Gは △ABC の重心であるから　　AG：GD＝2：1
よって　　x：6＝2：1　　　　したがって　　**x＝12**
また，点Dは辺 BC の中点であるから　　DC＝9
GQ∥DC であるから　　AG：AD＝GQ：DC
AG：AD＝2：3 であるから　　GQ：DC＝2：3
よって　　y：9＝2：3　　　3y＝18　　　したがって　　**y＝6**

63a 基本 右の図におい
て，線分 AD は △ABC の
重心Gを通る。
x，y を求めよ。

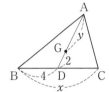

63b 基本 右の図におい
て，線分 BD は △ABC の
重心Gを通る。
x，y を求めよ。

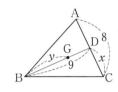

64a 標準 右の図に
おいて，線分 AD，PQ は
△ABC の重心Gを通り，
PQ∥BC である。
x，y を求めよ。

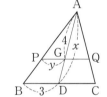

64b 標準 右の図に
おいて，線分 CD，PQ は
△ABC の重心 G を通り，
PQ∥AB である。
x，y を求めよ。

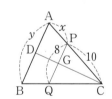

例題 11　三角形の辺と角の大小関係

次の問いに答えよ。

(1)　AB＝5，BC＝6，CA＝8 である △ABC において，∠A，∠B，∠C のうち最も大きい角はどれか。

(2)　3辺の長さが次のような三角形は存在するかどうかを調べよ。

　　　①　4，6，8　　　　　　　　　　　②　5，9，2

【ガイド】(1)　△ABC において，　AB＞AC ⟺ ∠C＞∠B

(2)　三角形の2辺の和は，他の1辺より大きい。
すなわち，正の実数 a，b，c が $a+b>c$ かつ $b+c>a$ かつ $c+a>b$ を満たす。
⟺ 正の実数 a，b，c を3辺にもつ三角形が存在する。

解答　(1)　CA＞BC＞AB であるから　　∠B＞∠A＞∠C
よって，最も大きい角は **∠B** である。

(2)　①　$a=4$，$b=6$，$c=8$ とすると，次のいずれも成り立つ。
$$a+b>c,\ b+c>a,\ c+a>b$$
　　◀4+6>8, 6+8>4, 8+4>6
よって，3辺の長さが 4，6，8 の三角形は**存在する**。

②　$a=5$，$b=9$，$c=2$ とすると　$c+a<b$
　　◀2+5<9
よって，3辺の長さが 5，9，2 の三角形は**存在しない**。
　　◀満たさないものが1つでもあれば存在しない。

練習 11　次の問いに答えよ。

(1)　次の △ABC において，∠A，∠B，∠C のうち最も大きい角はどれか。

　　　①　AB＝7，BC＝3，CA＝5　　　　②　AB＝10，BC＝11，CA＝13

(2)　3辺の長さが次のような三角形は存在するかどうかを調べよ。

　　　①　3，5，7　　　　　　②　13，6，5　　　　　　③　3，7，10

考えてみよう 8　∠A＝110°，AB＝7，CA＝8 である △ABC おいて，∠A，∠B，∠C の大小を，不等号を用いて表してみよう。

例題 **12**　メネラウスの定理・チェバの定理

次の図において，x を求めよ。

(1)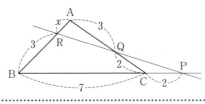

(2)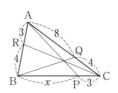

【ガイド】　(1)　メネラウスの定理を利用する。

(2)　チェバの定理を利用する。

1 メネラウスの定理

ある直線が，$\triangle ABC$ の3辺 BC，CA，AB またはそれらの延長上で
それぞれ点 P，Q，R で交わるならば

$$\frac{BP}{PC} \cdot \frac{CQ}{QA} \cdot \frac{AR}{RB} = 1$$

2 チェバの定理

$\triangle ABC$ の3辺 BC，CA，AB 上にそれぞれ点 P，Q，R があり，
3直線 AP，BQ，CR が1点で交わるならば

$$\frac{BP}{PC} \cdot \frac{CQ}{QA} \cdot \frac{AR}{RB} = 1$$

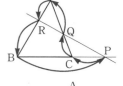

解　答　(1)　メネラウスの定理により　　$\dfrac{9}{2} \cdot \dfrac{2}{3} \cdot \dfrac{x}{3} = 1$　　　　　よって　　$\boldsymbol{x = 1}$

(2)　チェバの定理により　　$\dfrac{x}{3} \cdot \dfrac{4}{8} \cdot \dfrac{3}{4} = 1$　　　　　よって　　$\boldsymbol{x = 8}$

練習
12　次の図において，x を求めよ。

(1)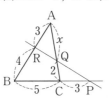

(2)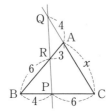

(3)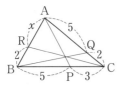

(4)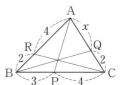

例題 13　三角形の面積と比

右の図において，△ABC の面積が30であるとき，次の三角形の面積
を求めよ。

(1)　△ABD　　　　　　　　(2)　△PBD

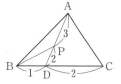

【ガイド】 高さが等しい2つの三角形の面積の比は，底辺の長さの比に等しい。
(1)　△ABD と △ABC の面積の比を考える。
(2)　まず，△PBD と △ABD の面積の比を考える。

解答　(1)　△ABD と △ABC は高さが等しいから

$$△ABD : △ABC = BD : BC = 1 : 3$$

よって　　$△ABD = \dfrac{1}{3}△ABC = \dfrac{1}{3} \times 30 = \mathbf{10}$

(2)　$△PBD : △ABD = PD : AD = 2 : 5$

よって　　$△PBD = \dfrac{2}{5}△ABD = \dfrac{2}{5} \times 10 = \mathbf{4}$

練習 13　右の図において，線分 BE，CF は中線である。△ABC の面積が
18であるとき，次の三角形の面積を求めよ。

(1)　△BCF

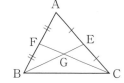

(2)　△BGF

(3)　△CEG

1 円周角の定理

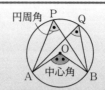

KEY 42
円周角の定理

① 1つの弧に対する円周角の大きさは，その弧に対する中心角の半分である。

② 同じ弧に対する円周角の大きさは等しい。

◀ $\angle APB = \angle AQB = \dfrac{1}{2} \angle AOB$
　（円周角）　　（円周角）　　（中心角）

例 53 右の図において，点Oは円の中心である。x, y を求めよ。

解答 線分 AC は円Oの直径であるから　$\angle ABC = 90°$　◀半円の弧に対する円周角は 90°

よって　　$x = 180° - (90° + 40°) = 50°$

同じ弧に対する円周角は等しいから　$\angle ADB = \angle ACB = 40°$

よって　　$y = 45° + 40° = 85°$　◀三角形の外角は，その隣りにない2つの内角の和に等しい。

65a 基本 次の図において，点Oは円の中心である。x, y を求めよ。

(1)

(2)

(3)
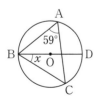

65b 基本 次の図において，点Oは円の中心である。x, y を求めよ。

(1)

(2)

(3)

KEY 43
円周角の定理の逆

2点 C，D が直線 AB について同じ側にあって，
$$\angle ACB = \angle ADB$$
ならば，4点 A，B，C，D は同一円周上にある。

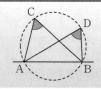

例 54 右の図において，4点 A，B，C，D は同一円周上にあるか。

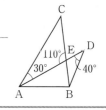

解答 △ACE において $\angle ACE = 180° - (30° + 110°) = 40°$

よって $\angle ACB = \angle ADB$

したがって，4点 A，B，C，D は同一円周上にある。

66a 基本 次の図において，4点 A，B，C，D は同一円周上にあるか。

(1)

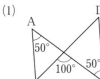

(2)

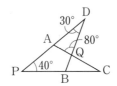

66b 基本 次の図において，4点 A，B，C，D は同一円周上にあるか。

(1)

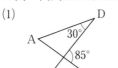

(2)

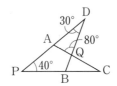

考えてみよう 9 平行四辺形 ABCD を対角線 AC で折って，点Bの移った点をEとする。このとき，4点 A，C，D，E は同一円周上にあるか考えてみよう。

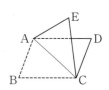

2 円に内接する四角形

四角形が円に内接するならば，
① 対角の和は 180° である。
② 内角は，その対角の外角に等しい。

和は180° 等しい

例 55 右の図において，x，y を求めよ。

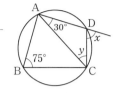

解答　内角は，その対角の外角に等しいから　　$x=75°$

また，△ACD において　　$30°+y=x$

よって　　$y=x-30°=75°-30°=45°$

67a 基本 次の図において，x，y を求めよ。ただし，(2)で点Oは円の中心とする。

(1)

67b 基本 次の図において，x，y を求めよ。ただし，(2)で点Oは円の中心とする。

(1)

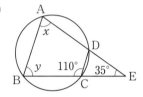

(2)

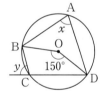

(2)

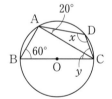

考えてみよう 10 右の図において，x，y を求めてみよう。

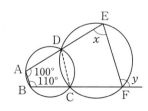

KEY 45

四角形が円に内接する条件

次のいずれかが成り立つとき，四角形は円に内接する。
1. 1組の対角の和が 180° である。
2. 1つの内角が，その対角の外角に等しい。

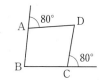
和が180°　等しい

例 56 右の四角形 ABCD は円に内接するか。

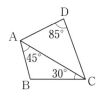

解答 ∠BAD＝180°−80°＝100°

よって，∠BAD は，その対角の外角に等しくない。

したがって，四角形 ABCD は円に内接しない。

68a [基本] 次の四角形 ABCD は円に内接するか。

(1)

(2)

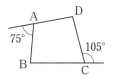
A　D　70°
B　70°　C

(3)

D
A　75°
105°
B　C

68b [基本] 次の四角形 ABCD は円に内接するか。

(1)
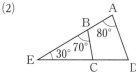
D　85°
A　45°
30°
B　C

(2)

A
B　80°
E　30°70°
C　D

(3)

A
B　130°　D
30°　　50°
E　C　F

検
印

3 円と接線

KEY 46
接線の長さ

円外の点Pから，その円に引いた2本
の接線の長さ PA，PB は等しい。

$$PA=PB$$

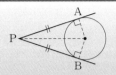

例 57 右の図において，点 D，E，F は △ABC の各辺と内接円Oとの接
点である。x，y を求めよ。

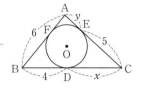

解答　CD＝CE より　　**$x=5$**　　　　AE＝AF より　　y＝AF
また，BF＝BD＝4 であるから　　AF＝AB－BF＝6－4＝2
よって　　**$y=2$**

69a 基本　右の図におい
て，点 D，E，F は △ABC
の各辺と内接円Oとの接点
である。x，y を求めよ。

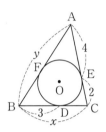

69b 基本　右の図におい
て，点 D，E，F は △ABC
の各辺と内接円Oとの接点
である。x を求めよ。

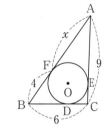

70a 標準　右の図に
おいて，点 D，E，F は
△ABC の各辺と内接
円Oとの接点である。
次の問いに答えよ。

(1) AF＝x とするとき，BD，CD の長さをxで
表せ。

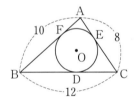

70b 標準　右の図に
おいて，点 D，E，F は
△ABC の各辺と内接
円Oとの接点である。
次の問いに答えよ。

(1) BD＝x とするとき，
AE，CE の長さをxで表せ。

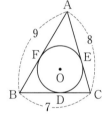

(2) 線分 AF の長さを求めよ。

(2) 線分 BD の長さを求めよ。

4 円の接線と弦の作る角

円の接線と接点を通る弦の作る角は，
この角の内部にある弧に対する円周
角に等しい。

例 58 右の図において，x，y を求めよ。ただし，直線 AT は点Aで円に
接し，BA＝BD とする。

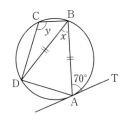

解答 円の接線と弦の作る角の性質により　　∠BDA＝70°
△BDA は二等辺三角形であるから　　∠BAD＝∠BDA＝70°
△BDA の内角の和は 180° であるから　　x＝180°－(70°＋70°)＝**40°**
また，四角形 ABCD は円に内接するから　y＋70°＝180°
よって　　**y＝110°**

71a 基本 次の図において，直線 AT が点Aで
円に接しているとき，x，y を求めよ。ただし，(2)
で AC＝BC，(3)で点Oは円の中心とする。

(1)

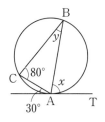

71b 基本 次の図において，直線 AT が点Aで
円に接しているとき，x，y を求めよ。ただし，(1)
で点Oは円の中心，(2)で BA＝BC とし，(3)で直
線 PA，PC はそれぞれ点 A，C で円に接している。

(1)

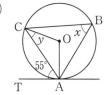

(2)

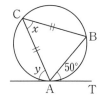

(2)

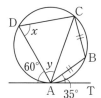

(3)

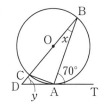

(3)

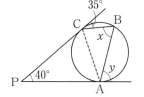

検印

5 方べきの定理

KEY 48
方べきの定理

$PA \cdot PB = PC \cdot PD$	$PA \cdot PB = PT^2$ （T は接点）

例 59 右の図において，x を求めよ。

解答 方べきの定理により，$PA \cdot PB = PC \cdot PD$ であるから

$$4 \cdot x = 6 \cdot 8$$

よって $\quad x = 12$

72a 基本 次の図において，x を求めよ。ただし，(2)で PD＝PC とする。

(1)

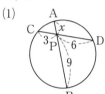

(2)

(2) [図]

72b 基本 次の図において，x を求めよ。ただし，(2)で点Oは円の中心とする。

(1)

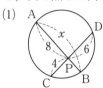

(2)

(2) [図]

例 60 右の図において，x を求めよ。

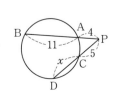

解答 方べきの定理により，$PA \cdot PB = PC \cdot PD$ であるから

$$4 \cdot (4 + 11) = 5 \cdot (5 + x)$$

すなわち $\quad 4 \cdot 15 = 5(5 + x)$ $\qquad$ よって $\quad x = 7$

73a 基本 次の図において，x を求めよ。

(1)
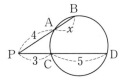

(2)
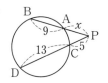

73b 基本 次の図において，x を求めよ。ただし，(2)で点Oは円の中心とする。

(1)
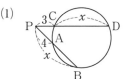

(2)
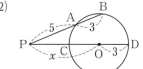

例 61 右の図において，直線 PT が点 T で円に接しているとき，x を求めよ。

解答 方べきの定理により，PA・PB＝PT² であるから $x(x+5)=6^2$
よって $x^2+5x-36=0$ $(x+9)(x-4)=0$
$x>0$ であるから $\boldsymbol{x=4}$

74a 基本 次の図において，直線 PT が点 T で円に接しているとき，x を求めよ。

(1)
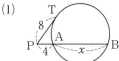

(2)

74b 基本 次の図において，直線 PT が点 T で円に接しているとき，x を求めよ。ただし，(2)で点Oは円の中心とする。

(1)
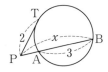

(2)
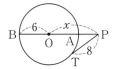

6　2つの円

2つの円 O，O′ の半径をそれぞれ r，r' $(r>r')$ とし，中心間の距離を d とする。

① 離れている
$$d>r+r'$$
共有点はない

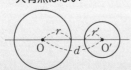

② 外接する
$$d=r+r'$$
共有点は1個

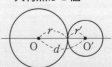

③ 2点で交わる
$$r-r'<d<r+r'$$
共有点は2個

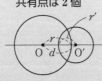

④ 内接する
$$d=r-r'$$
共有点は1個

⑤ 一方が他方を含む
$$d<r-r'$$
共有点はない

例 62 半径7の円 O と半径5の円 O′ において，中心間の距離を d とする。O と O′ が離れているとき，d の値の範囲を求めよ。

解答　$d>7+5$　よって　$d>12$　　　◀$d>r+r'$

75a 基本 例62において，2つの円の位置関係が次のようになるとき，d の値，または d の値の範囲を求めよ。

(1) 外接する。

(2) 2点で交わる。

(3) 一方が他方を含む。

75b 基本 半径4の円 O と半径9の円 O′ において，中心間の距離を d とする。O と O′ の位置関係が次のようになるとき，d の値，または d の値の範囲を求めよ。

(1) 内接する。

(2) 離れている。

(3) 2点で交わる。

KEY 50
共通接線

2つの円の両方に接する直線を，2つの円の共通接線という。
2つの円に異なる接点をもつ共通接線が引ける場合，2つの接点の間の長さは，三平方の定理を利用して求めることができる。

例 63 右の図において，2つの円 O，O′ は外接し，直線 AB は2つの円 O，
O′ の共通接線で，A，B は接点である。線分 AB の長さを求めよ。

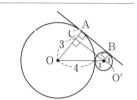

解答 点 O′ から線分 OA に垂線 O′C を引くと，
四角形 ACO′B は長方形である。

$$OC=4-1=3, \quad OO'=4+1=5$$

であるから，△OO′C において，
三平方の定理により $\quad 3^2+O'C^2=5^2$

よって $\quad AB=O'C=\sqrt{5^2-3^2}=\sqrt{16}=4$

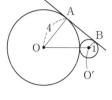

76a 標準 次の図において，直線 AB は2つの
円 O，O′ の共通接線で，A，B は接点である。線
分 AB の長さを求めよ。ただし，(2)で円 O，O′
は外接している。

(1)

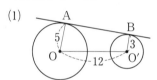

(2)

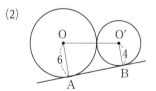

76b 標準 次の図において，直線 AB は2つの
円 O，O′ の共通接線で，A，B は接点である。線
分 AB の長さを求めよ。

(1)

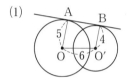

(2)

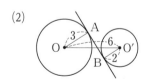

検印

例題 14　円の接線の長さの利用

右の図の直角三角形 ABC において，内接円Oと各辺との接点を
D，E，F とする。円Oの半径を r として，次の問いに答えよ。

(1)　辺 AB，AC の長さを r を用いて表せ。

(2)　r の値を求めよ。

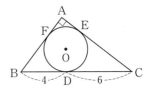

【ガイド】 (1)　四角形 AFOE は，1辺の長さが r の正方形である。

(2)　△ABC において，三平方の定理により r の方程式を導く。

解答 (1)　四角形 AFOE は正方形になるから

$$AF=r, \quad AE=r$$

また　　$BF=BD=4, \quad CE=CD=6$

よって　$\mathbf{AB=AF+FB=}\boldsymbol{r+4}$

$\mathbf{AC=AE+EC=}\boldsymbol{r+6}$

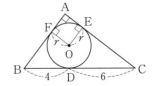

(2)　△ABC において，三平方の定理により

$$(r+4)^2+(r+6)^2=10^2$$

$$r^2+10r-24=0$$

$$(r+12)(r-2)=0$$

$r>0$ であるから　　$\boldsymbol{r=2}$

練習 14

右の図の直角三角形 ABC において，内接円Oと各辺との
接点を D，E，F とする。円Oの半径 r の値を求めよ。

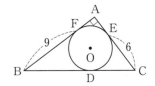

例題 15　証明問題

点Pで外接する2つの円 O，O′ がある。
点Pを通る2本の直線が2つの円と交わる点を，右の図のように A，B および C，D とするとき，AC∥DB であることを証明せよ。

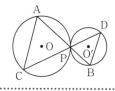

【ガイド】　2つの円の共通接線を引き，円の接線と弦の作る角の性質から，錯角が等しいことを示す。

証明　右の図のように，2つの円 O，O′ の共通接線 TPT′ を引く。
円の接線と弦の作る角の性質により

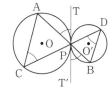

$$\angle ACP = \angle APT \qquad \blacktriangleleft 弧\ AP\ に対して$$
$$\angle BDP = \angle BPT' \qquad \blacktriangleleft 弧\ BP\ に対して$$

ここで，$\angle APT = \angle BPT'$ であるから
$$\angle ACP = \angle BDP$$
錯角が等しいから，AC∥DB である。

練習 15

右の図のように，2点 A，B で交わる2つの円 O，O′ と円O上の点Cにおける接線 TT′ がある。直線 CA，CB と円 O′ の交点をそれぞれ D，E とするとき，TT′∥DE であることを証明せよ。

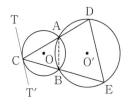

1 空間における直線・平面の位置関係

KEY 51
2直線のなす角

2直線 ℓ, m が同一平面上にあって交わる場合には，その平面上で交わる角 θ が，2直線 ℓ, m のなす角である。

2直線 ℓ, m がねじれの位置にある場合には，ℓ 上の1点Pを通り，m と平行な直線を m' とすると，ℓ と m' のなす角 θ が，2直線 ℓ, m のなす角である。

例 64 右の図の直方体 ABCD-EFGH において，次の2直線のなす角を求めよ。

(1) AD と CG

(2) AF と HG

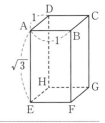

解答 (1) 直線 CG を平行移動すると，直線 DH に重なるから，2直線 AD と CG のなす角は **90°** である。

(2) 直線 HG を平行移動すると，直線 EF に重なる。
$$AF = \sqrt{1^2 + (\sqrt{3})^2} = 2$$
であるから，2直線 AF と EF のなす角は 60° である。

よって，2直線 AF と HG のなす角は **60°** である。

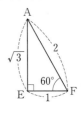

77a 基本 例64の直方体において，次の2直線のなす角を求めよ。

(1) BF と HG

77b 基本 右の図の三角柱 ABC-DEF において，次の2直線のなす角を求めよ。

(1) AB と EF

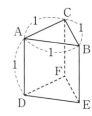

(2) CF と EH

(2) AB と CF

(3) AC と HF

(3) AE と CF

KEY 52
2平面のなす角

2平面 α, β が交わるとき,交線 ℓ 上の1点Oを通り,ℓ に垂直な直線 OA,OB をそれぞれ α,β 上に引く。この2直線 OA,OB のなす角 θ を,2平面 α,β のなす角という。

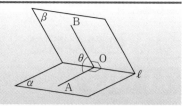

例 65 立方体 ABCD-EFGH において,平面 EFGH と平面 AFGD のなす角を求めよ。

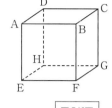

解答 直線 FE,FA は,それぞれ平面 EFGH,平面 AFGD 上にあり,ともに2平面の交線 FG に垂直である。

2直線 FE,FA のなす角は 45° であるから,平面 EFGH と平面 AFGD のなす角は **45°** である。

78a 基本 例65の立方体において,次の2平面のなす角を求めよ。

(1) 平面 AEHD と平面 DHGC

78b 基本 右の図の直方体 ABCD-EFGH において,次の2平面のなす角を求めよ。

(1) 平面 ACGE と平面 BFGC

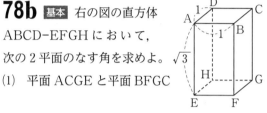

(2) 平面 ABCD と平面 EBCH

(2) 平面 EFCD と平面 CDHG

1 倍数の判定

KEY 53
2の倍数・5の倍数の判定法

自然数 n の一の位の数が，
0または偶数であれば，n は2の倍数である。
0または5であれば，n は5の倍数である。

例 66 次の数のうち，2の倍数を選べ。また，5の倍数を選べ。

① 82　② 175　③ 630　④ 2356

解答　2の倍数は，一の位の数が0または偶数であるから　①，③，④

5の倍数は，一の位の数が0または5であるから　②，③

79a 基本 次の数のうち，2の倍数を選べ。また，5の倍数を選べ。

① 95　② 276　③ 810　④ 1318

79b 基本 次の数のうち，2の倍数を選べ。また，5の倍数を選べ。

① 372　② 554　③ 1115　④ 5700

KEY 54
4の倍数の判定法

自然数 n の下2桁が4の倍数であれば，n は4の倍数である。

例 67 次の数のうち，4の倍数を選べ。

① 452　② 278　③ 2340　④ 5194

解答　下2桁が4の倍数であるものは　①，③

80a 基本 次の数のうち，4の倍数を選べ。

① 96　② 850　③ 1174　④ 6168

80b 基本 次の数のうち，4の倍数を選べ。

① 732　② 808　③ 930　④ 4000

KEY 55

3の倍数・9の倍数の判定法

各位の数の和が3の倍数である整数は，3の倍数である。
各位の数の和が9の倍数である整数は，9の倍数である。

例 68 次の数のうち，3の倍数を選べ。また，9の倍数を選べ。

① 87　　　② 720　　　③ 985　　　④ 4284

解答 それぞれの数について，各位の数の和を求めると，次のようになる。

①は 8+7=15　　　②は 7+2+0=9　　　③は 9+8+5=22　　　④は 4+2+8+4=18

よって，3の倍数は①，②，④であり，9の倍数は②，④である。

81a 基本 次の数のうち，3の倍数を選べ。また，9の倍数を選べ。

① 75　② 329　③ 882　④ 1599

81b 基本 次の数のうち，3の倍数を選べ。また，9の倍数を選べ。

① 418　② 777　③ 1260　④ 6597

例 69 4桁の整数□578が3の倍数であるとき，□に入る数字をすべて求めよ。

解答 □に入る数字を x とする。

各位の数の和 $x+5+7+8=x+20$ は3の倍数である。

$1 \leqq x \leqq 9$ であるから　$x=1, 4, 7$　◀ 4桁の整数であるから $x \neq 0$　　**答** 1，4，7

82a 標準 4桁の整数□817が3の倍数であるとき，□に入る数字をすべて求めよ。

82b 標準 5桁の整数□6294が9の倍数であるとき，□に入る数字をすべて求めよ。

考えてみよう 11 次の数のうち，6の倍数を選んでみよう。

① 2319　　② 3156　　③ 5700　　④ 11582

2 余りによる自然数の分類

2以上の自然数 n に対して，すべての自然数は，次のいずれかの形で表すことができる。
$$nk,\ nk+1,\ nk+2,\ \cdots\cdots,\ nk+n-1 \quad (k\ \text{は}\ 0\ \text{以上の整数})$$

例 70 n を自然数とする。$n(n+1)$ を 3 で割ったときの余りは 0 か 2 であることを証明せよ。

証明 自然数 n は，適当な 0 以上の整数 k を用いて $n=3k$, $n=3k+1$, $n=3k+2$ のいずれかで表すことができる。

(i) $n=3k$ のとき
$$n(n+1)=3k(3k+1)$$
◀ k は整数より，$k(3k+1)$ は整数

よって，余りは 0 である。

(ii) $n=3k+1$ のとき
$$n(n+1)=(3k+1)\{(3k+1)+1\}=9k^2+9k+2=3(3k^2+3k)+2$$
◀ $3k^2+3k$ は整数

よって，余りは 2 である。

(iii) $n=3k+2$ のとき
$$n(n+1)=(3k+2)\{(3k+2)+1\}=3(3k+2)(k+1)$$
◀ $(3k+2)(k+1)$ は整数

よって，余りは 0 である。

(i), (ii), (iii)から，$n(n+1)$ を 3 で割ったときの余りは 0 か 2 である。

83a 標準 n を自然数とする。n^2+2 を 3 で割ったときの余りは 0 か 2 であることを証明せよ。

83b 標準 n を自然数とする。$n(n+1)$ を 4 で割ったときの余りは 0 か 2 であることを証明せよ。

3 ユークリッドの互除法

KEY 57
最大公約数

公約数……いくつかの自然数について，共通の正の約数
最大公約数……公約数のうち最大のもの

例 71 60と84の最大公約数を求めよ。

解答　$60=2^2\times3\times5,\ 84=2^2\times3\times7$
よって，求める最大公約数は　$2^2\times3=$**12**

84a 基本 次の2つの数の最大公約数を求めよ。

(1) 18, 42

(2) 36, 108

84b 基本 次の2つの数の最大公約数を求めよ。

(1) 90, 135

(2) 72, 120

KEY 58
ユークリッドの互除法

次の定理を利用して，最大公約数を求める方法をユークリッドの互除法という。
〔定理〕　2つの自然数 a，b について，$a>b$ とする。
　　　　　a を b で割ったときの商を q，余りを r とすると，
　　1　$r\neq0$ のとき，a と b の最大公約数は，b と r の最大公約数に等しい。
　　2　$r=0$ のとき，a と b の最大公約数は b である。

例 72 ユークリッドの互除法を利用して，91と208の最大公約数を求めよ。

解答　$208=91\times2+26$
　　　　$91=26\times3+13$
　　　　　$26=13\times2$　　　◀余りが0になるまでくり返す。
　　　　よって，91と208の最大公約数は　**13**

$$\begin{array}{r} 2 \\ 13\overline{)26} \\ 26 \\ \hline 0 \end{array} \quad \begin{array}{r} 3 \\ )91 \\ 78 \\ \hline 13 \end{array} \quad \begin{array}{r} 2 \\ )208 \\ 182 \\ \hline 26 \end{array}$$

85a 基本 ユークリッドの互除法を利用して，
63と203の最大公約数を求めよ。

85b 基本 ユークリッドの互除法を利用して，
719と2294の最大公約数を求めよ。

2つの自然数 m, n の最大公約数が1であるとき，m と n は互いに素であるという。

例 **73** 20以下の自然数の中で，12と互いに素なものをすべて求めよ。

解答 12の素因数は2と3であるから，2でも3でも割り切れなければ12と互いに素である。 ◀12$=2^2×3$

よって　　**1，5，7，11，13，17，19**

86a 基本 15以下の自然数の中で，20と互いに素なものをすべて求めよ。

86b 基本 20以下の自然数の中で，42と互いに素なものをすべて求めよ。

KEY **60**

既約分数

分母，分子が互いに素である分数を既約分数という。ある分数が既約分数でないとき，分母と分子の最大公約数で約分すれば，既約分数になる。

例 **74** $\dfrac{189}{783}$ を既約分数で表せ。

解答 分母783と分子189の最大公約数は $783＝189×4＋27$，$189＝27×7$ から，27である。

したがって　　$\dfrac{189}{783}＝\dfrac{27×7}{27×29}＝\dfrac{7}{29}$

87a 基本 次の分数を既約分数で表せ。

(1) $\dfrac{119}{408}$

(2) $\dfrac{767}{351}$

87b 基本 次の分数を既約分数で表せ。

(1) $\dfrac{243}{432}$

(2) $\dfrac{372}{1023}$

考えてみよう 12 　縦 427 cm，横 732 cm の長方形の板に，同じ大きさの正方形のタイルをすき間なく敷き詰めたい。正方形の 1 辺の長さは自由に選べるものとして，必要なタイルが最も少なくなるときの枚数を求めてみよう。

KEY 61
不定方程式

自然数 a，b が互いに素で，x，y を整数とする。
$ax=by$ ならば，x は b の倍数であり，y は a の倍数である。

例 75 　不定方程式 $3x+11y=0$ を解け。

解答 　方程式を変形すると 　　$3x=11(-y)$ 　　……① 　　　　　◀ $-11y=11(-y)$

3 と 11 は互いに素であるから，x は 11 の倍数である。

よって，整数 k を用いて $x=11k$ と表される。

これを①に代入すると 　　$3×11k=11(-y)$ 　　　　よって 　　$-y=3k$

したがって，求める整数解は 　　$x=11k$，$y=-3k$ 　（k は整数）

88a 基本 次の不定方程式を解け。

(1) 　$5x-13y=0$

(2) 　$3(x+2)=4y$

88b 基本 次の不定方程式を解け。

(1) 　$6x+5y=0$

(2) 　$2x+7(y-1)=0$

例 76 不定方程式 $4x-7y=1$ を解け。

解答

$$4x-7y=1 \qquad \cdots\cdots①$$

とおき，①の整数解の1つを求めると $\quad x=2,\ y=1$

よって $\quad 4\times2-7\times1=1 \qquad \cdots\cdots②$

①−②から $\quad 4(x-2)-7(y-1)=0$

すなわち $\quad 4(x-2)=7(y-1) \qquad \cdots\cdots③$

4と7は互いに素であるから，$x-2$ は7の倍数である。

よって，整数 k を用いて $x-2=7k$ と表される。

これを③に代入すると $\quad 4\times7k=7(y-1)$

よって $\quad y-1=4k$

したがって，求める整数解は $\quad \boldsymbol{x=7k+2,\ y=4k+1}$ （**k は整数**）

◀整数解の1つを $x=-5,\ y=-3$ としてもよい。このとき解は $x=7k-5,\ y=4k-3$（k は整数）となる。

◀自然数 $a,\ b$ が互いに素で，$x,\ y$ を整数とする。$ax=by$ ならば，x は b の倍数であり，y は a の倍数である。

89a 標準 不定方程式 $2x-5y=1$ を解け。

89b 標準 不定方程式 $7x+3y=1$ を解け。

考えてみよう 13 不定方程式 $4x-7y=2$ を解いてみよう。

4 2進法

KEY 62
2進数

n 桁の 2 進数 $a_n a_{n-1} \cdots\cdots a_3 a_2 a_1$ は

$$a_n \times 2^{n-1} + a_{n-1} \times 2^{n-2} + \cdots\cdots + a_3 \times 2^2 + a_2 \times 2^1 + a_1$$

を意味している。ただし，$a_n \neq 0$

例 77 2 進数の $10110_{(2)}$ を10進数で表せ。

解答 $10110_{(2)} = 1 \times 2^4 + 0 \times 2^3 + 1 \times 2^2 + 1 \times 2^1 + 0 = 16 + 0 + 4 + 2 + 0 = \mathbf{22}$

90a 基本 次の 2 進数を10進数で表せ。

(1) $101_{(2)}$

(2) $110110_{(2)}$

90b 基本 次の 2 進数を10進数で表せ。

(1) $11111_{(2)}$

(2) $1011101_{(2)}$

例 78 10進数の15を 2 進数で表せ。

解答 右の計算から

$15 = 1111_{(2)}$

$$
\begin{array}{r|l}
2) & 15 \\
2) & 7 \quad 1 \\
2) & 3 \quad 1 \\
2) & 1 \quad 1 \\
\hline
 & 0 \quad 1 \\
\end{array}
$$

91a 基本 次の10進数を 2 進数で表せ。

(1) 26

(2) 51

91b 基本 次の10進数を 2 進数で表せ。

(1) 64

(2) 110

2進法で表された小数 $0.b_1b_2b_3\cdots\cdots b_{n-1}b_n$ は

$$b_1\times\frac{1}{2^1}+b_2\times\frac{1}{2^2}+b_3\times\frac{1}{2^3}+\cdots\cdots+b_{n-1}\times\frac{1}{2^{n-1}}+b_n\times\frac{1}{2^n}$$

を意味している。ただし，$b_n \neq 0$

例 79 2進法の小数 $0.101_{(2)}$ を10進法の小数で表せ。

解答 $0.101_{(2)}=1\times\dfrac{1}{2}+0\times\dfrac{1}{2^2}+1\times\dfrac{1}{2^3}=\dfrac{1}{2}+0+\dfrac{1}{8}=\dfrac{5}{8}=\mathbf{0.625}$

92a 基本 次の2進法の小数を10進法の小数で表せ。

(1) $0.11_{(2)}$

(2) $1.011_{(2)}$

92b 基本 次の2進法の小数を10進法の小数で表せ。

(1) $0.1001_{(2)}$

(2) $100.001_{(2)}$

考えてみよう 14 $1, 3, 3^2, 3^3, \cdots\cdots$ を1つのまとまりとみる記数法を3進法といい，3進法で表された数を3進数という。たとえば，$2\times3^2+0\times3+1$ を3進数で表すと，$201_{(3)}$ である。

(1) $1202_{(3)}$ を10進数で表してみよう。

(2) 10進数の34を3進数で表してみよう。

例題 16　不定方程式の利用

9で割ると5余り，7で割ると6余る最小の自然数を求めよ。

【ガイド】 求める数を n とする。n を9，7で割った商をそれ
ぞれ a, b とし，a, b についての2元1次不定方程
式を作る。

2つの自然数 a と b に対して，
$$a = bq + r, \quad 0 \leqq r < b$$
となる整数 q と r がただ一通りに決まる。
このとき，q を，a を b で割ったときの商といい，
r を**余り**という。

解　答 求める数を n とおき，n を9，7で割った
商をそれぞれ a, b とおく。

このとき，$n = 9a + 5$, $n = 7b + 6$ となる。

$9a + 5 = 7b + 6$ から　　$9a - 7b = 1$

この不定方程式を解くと　　$a = 7k - 3$, $b = 9k - 4$　（k は整数）

よって　　　　　　$n = 9a + 5 = 9(7k - 3) + 5 = 63k - 22$

n が最小の自然数となるのは $k = 1$ のときである。

したがって　　　$n = 63 \times 1 - 22 = 41$　　　　　　　**答** 41

練習 16 17で割ると4余り，8で割ると5余る数について，次の問いに答えよ。

(1) このような数のうち，最小の自然数を求めよ。

(2) 500以下の自然数の中で，このような数をすべて求めよ。

倍数の証明

n は整数とする。次のことを証明せよ。

(1) 連続する2つの整数の積 $n(n+1)$ は2の倍数である。

(2) 連続する3つの整数の積 $n(n+1)(n+2)$ は6の倍数である。

【ガイド】 (1) 整数 n は，k を整数として，$2k$，$2k+1$ のいずれかの形に書ける。

それぞれの場合について，n，$n+1$ のいずれかが2の倍数であることを示す。

(2) 2の倍数であり，3の倍数であることを示す。

(1)より $n(n+1)(n+2)$ が2の倍数であることがいえるから，n を $3k$，$3k+1$，$3k+2$ で表し，それぞれの場合について，n，$n+1$，$n+2$ のいずれかが3の倍数であることを示す。

証明 k を整数とする。

(1) $n=2k$ のとき，n は2の倍数である。

$n=2k+1$ のとき $n+1=(2k+1)+1=2(k+1)$

よって，どの場合も $n(n+1)$ は2の倍数である。

(2) 2の倍数かつ3の倍数であることを示せばよい。 ◀ 2と3は互いに素

(1)より，$n(n+1)(n+2)$ は2の倍数であるから，$n(n+1)(n+2)$ が3の倍数であることを示す。

$n=3k$ のとき，n は3の倍数である。

$n=3k+1$ のとき $n+2=(3k+1)+2=3(k+1)$

$n=3k+2$ のとき $n+1=(3k+2)+1=3(k+1)$

よって，どの場合も $n(n+1)(n+2)$ は3の倍数である。

したがって，$n(n+1)(n+2)$ は6の倍数である。

練習 17 n が整数のとき，$n(n-1)(2n-1)$ が6の倍数であることを証明せよ。

例題 18　2進数の加法・減法

次の式を計算せよ。

(1)　$1010_{(2)}+1110_{(2)}$

(2)　$1110_{(2)}-1001_{(2)}$

【ガイド】 計算の基礎は，右の加法表である。2でのくり上がり，くり下がりを考えると，10進数の場合と同様に，四則計算を筆算で行うことができる。

加法表

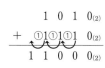

＋	0	1
0	0	1
1	1	10

解答　(1)　$1010_{(2)}+1110_{(2)}=\mathbf{11000}_{(2)}$

(2)　$1110_{(2)}-1001_{(2)}=\mathbf{101}_{(2)}$

$$
\begin{array}{r}
1\ 0\ 1\ 0_{(2)} \\
+\ ①1①1①1\ 0_{(2)} \\
\hline
1\ 1\ 0\ 0\ 0_{(2)}
\end{array}
$$

2でくり上がる

$$
\begin{array}{r}
⓪②\\
1\ 1\ 1\ 0_{(2)} \\
-\ 1\ 0\ 0\ 1_{(2)} \\
\hline
1\ 0\ 1_{(2)}
\end{array}
$$

2くり下がる

別解　10進数になおして計算する。

(1)　　　　$1010_{(2)}=1\times2^3+0\times2^2+1\times2^1+0=10$

　　　　　$1110_{(2)}=1\times2^3+1\times2^2+1\times2^1+0=14$

であるから　$1010_{(2)}+1110_{(2)}=10+14=24$

$24=11000_{(2)}$ であるから

　　　　　$1010_{(2)}+1110_{(2)}=11000_{(2)}$

$$
\begin{array}{r}
2\,)\,24 \\
2\,)\,12\quad 0 \\
2\,)\ \ 6\quad 0 \\
2\,)\ \ 3\quad 0 \\
2\,)\ \ 1\quad 1 \\
\ \ 0\quad 1
\end{array}
$$

(2)　(1)より　$1110_{(2)}=14$

また　　　$1001_{(2)}=1\times2^3+0\times2^2+0\times2^1+1=9$

であるから　$1110_{(2)}-1001_{(2)}=14-9=5$

$5=101_{(2)}$ であるから

　　　　　$1110_{(2)}-1001_{(2)}=101_{(2)}$

$$
\begin{array}{r}
2\,)\,5 \\
2\,)\,2\quad 1 \\
2\,)\,1\quad 0 \\
\ 0\quad 1
\end{array}
$$

練習 18　次の式を計算せよ。

(1)　$1001_{(2)}+1011_{(2)}$

(2)　$1111_{(2)}+1_{(2)}$

(3)　$1101_{(2)}-110_{(2)}$

(4)　$1110_{(2)}-1_{(2)}$

検印

数学 I

1章 数と式

1節 式の展開と因数分解

1a (1) 次数は 4，係数は 7

(2) 次数は 3，係数は $-\dfrac{4}{3}$

(3) 次数は 5，係数は 6

1b (1) 次数は 6，係数は -5

(2) 次数は 1，係数は $\dfrac{5}{2}$

(3) 次数は 7，係数は $-\dfrac{3}{4}$

2a (1) 次数は 1，係数は $-7x$

(2) 次数は 3，係数は $6a^2y$

2b (1) 次数は 2，係数は $11y^3$

(2) 次数は 4，係数は $\dfrac{1}{3}xy^2$

考えてみよう 1

$5a^3xy^2$ は [x] に着目すると，次数は 1，
係数は $5a^3y^2$

または

$5a^3xy^2$ は [y] に着目すると，次数は 2，
係数は $5a^3x$

3a (1) $3x^2+3x-5$　　(2) $-2x^2-1$

3b (1) x^2-3x-4　　(2) $3x^2+5x+8$

4a (1) 次数は 1，定数項は $-7y^2-4y+1$

(2) 次数は 2，定数項は $3x+1$

4b (1) 次数は 2，定数項は $2y^2+3y-4$

(2) 次数は 2，定数項は x^2+x-4

5a (1) $A+B=6x^2+14x+5,\ A-B=2x^2+4x+3$

(2) $A+B=2x^2+2x+7,\ A-B=4x^2-4x+11$

5b (1) $A+B=6x^2-2x-9$

$A-B=-2x^2+12x+7$

(2) $A+B=-3x^2+2x+7$

$A-B=9x^2-2x+17$

6a $A+3B=7x^2+6x+3,\ 2A-B=5x+13$

6b $2A+3B=3x^2-8x-8,\ 3A-2B=11x^2+x+14$

7a $-x^2-3x-1$

7b $5x^2-13x+11$

8a (1) a^9　　(2) a^{10}　　(3) a^3b^3

8b (1) x^6　　(2) x^{12}　　(3) x^6y^6

9a (1) $12x^5$　　(2) $4x^8$　　(3) $-10a^5b^3$

9b (1) $-15x^8$　　(2) $-a^6b^9$　　(3) $8x^7y^2$

10a (1) $6x^3-15x^2+12x$

10a (2) $-4x^3+28x^2-12x$

10b (1) $-2x^3-6x^2+10x$

(2) $4x^4y+2x^3y^2+14x^2y^3$

11a (1) $3x^3-14x^2+16x-3$

(2) $2x^3-5x^2+9x+6$

11b (1) $6x^3-11x^2-11x+21$

(2) $4x^3+10x^2y-5xy^2+3y^3$

12a (1) $x^2+8x+16$　　(2) $4x^2-4x+1$

(3) $x^2-10xy+25y^2$

12b (1) $a^2-12a+36$　　(2) $9x^2+12x+4$

(3) $9x^2+24xy+16y^2$

13a (1) x^2-9　(2) $49x^2-1$　(3) $4x^2-9y^2$

13b (1) a^2-16　(2) $9x^2-25$　(3) $-9x^2+16y^2$

14a (1) $x^2+7x+10$　　(2) $x^2+2x-15$

(3) x^2-5x+4　　(4) $x^2-6xy-27y^2$

(5) $x^2-9xy+20y^2$

14b (1) a^2-a-42　　(2) $x^2-10x+24$

(3) x^2+2x-3　　(4) $x^2+9xy+18y^2$

(5) $a^2+5ab-14b^2$

15a (1) $6x^2+17x+5$　　(2) $5x^2+14x-3$

(3) $14x^2-29x-15$　　(4) $4x^2-19xy+12y^2$

(5) $6a^2+19ab-7b^2$

15b (1) $30x^2-17x+2$　　(2) $3a^2-4a-32$

(3) $8x^2-2x-15$　　(4) $15x^2+13xy+2y^2$

(5) $-6x^2+7xy+3y^2$

16a (1) $2b(a+3c-2ac)$　(2) $5x^2y(x+2y)$

(3) $x(3x-1)$　　(4) $ab(2a-b+3)$

(5) $(a+1)(x-y)$

16b (1) $y(5x-3z+1)$　(2) $6ab^3(2a-3b)$

(3) $2a^3(2a+1)$　　(4) $2xy(2x-3+y^2)$

(5) $(a-b)(x+1)$

17a (1) $(x+5)^2$　　(2) $(2x-1)^2$

(3) $(3x+2)^2$　　(4) $(x-6y)^2$

(5) $(3x+y)^2$

17b (1) $(x-7)^2$　　(2) $(4x+1)^2$

(3) $(5x+3)^2$　　(4) $(x+8y)^2$

(5) $(2x-7y)^2$

18a (1) $(x+8)(x-8)$　(2) $(2x+1)(2x-1)$

(3) $(3x+2)(3x-2)$　(4) $(x+4y)(x-4y)$

(5) $(2x+9y)(2x-9y)$

18b (1) $(x+7)(x-7)$　(2) $(x+1)(x-1)$

(3) $(5x+4)(5x-4)$　(4) $(3x+5y)(3x-5y)$

(5) $(xy+2)(xy-2)$

19a (1) $(x+3)(x+5)$　(2) $(a-1)(a-5)$

(3) $(x+6)(x-2)$　(4) $(x+y)(x+8y)$

(5) $(x+9y)(x-2y)$

19b (1) $(a+1)(a+9)$ (2) $(x-2)(x-10)$
    (3) $(x+2)(x-12)$ (4) $(x-y)(x-4y)$
    (5) $(a+2b)(a-8b)$

20a (1) $(x+1)(2x+1)$ (2) $(x-2)(3x-1)$
    (3) $(2a+3)(3a-1)$ (4) $(x-2)(4x+3)$

20b (1) $(x-2)(2x-1)$ (2) $(x-3)(3x+1)$
    (3) $(a-1)(5a+4)$ (4) $(2x-1)(3x+8)$

21a (1) $(x-y)(5x-3y)$ (2) $(x-2y)(4x+3y)$

21b (1) $(x+3y)(5x+2y)$ (2) $(2a+5b)(3a-2b)$

22a (1) $(x-2)(3x+1)$ (2) $(3x+4)(3x-4)$
    (3) $(x+4)(x-9)$ (4) $(2x+3)^2$
    (5) $(x+2)(6x-5)$ (6) $(x-3)(x-8)$

22b (1) $(4x-1)^2$ (2) $(x+3)(x-5)$
    (3) $(x-1)(9x-1)$ (4) $(x+6)(2x+3)$
    (5) $(5x+1)(5x-1)$ (6) $(2x+3)(4x-3)$

23a (1) $(x-4y)(2x+3y)$ (2) $(x+y)(x-y)$
    (3) $(2x+5y)^2$ (4) $(x+6y)(x-2y)$
    (5) $(x-2y)(3x+2y)$ (6) $(x+3y)(x-6y)$

23b (1) $(x-y)(x-7y)$ (2) $(x+y)(6x-5y)$
    (3) $(4x+5y)(4x-5y)$ (4) $(x+y)(4x+3y)$
    (5) $(4x-3y)^2$ (6) $(3x+2y)(3x-5y)$

24a (1) $a^2+6ab+9b^2+a+3b-2$
    (2) x^2-y^2+6x+9

24b (1) $4a^2+4ab+b^2-c^2$
    (2) x^2-y^2-2y-1

25a $a^2+4ab+4b^2+6a+12b+9$

25b $4x^2+y^2+z^2-4xy+2yz-4zx$

26a (1) $(a-2)(x-y)$ (2) $(x+2)(y+2)$

26b (1) $(x-1)(2a-b)$ (2) $(a+1)(x-4)$

27a (1) $(x+y+1)(x+y-4)$
    (2) $(x-y+5)(x-y-5)$

27b (1) $(x-y-1)(2x-2y+3)$
    (2) $(x+y+1)(x-y+1)$

28a (1) $(x-3)(x+y+3)$ (2) $(a+c)(a-b-c)$

28b (1) $(b-2)(ab+2)$
    (2) $(a+b)(a+b+2c)$

29a (1) $(x+2y-3)(x+y-1)$
    (2) $(x+y+2)(x+y-3)$

29b (1) $(x-3y-2)(x+y+1)$
    (2) $(x+2y+1)(x-3y+2)$

30a $(x+2y+3)(2x+y-1)$

30b $(2x-y-4)(3x-2y+3)$

考えてみよう 2
$x^2+3xy+2y^2-x+y-6$
$=2y^2+(3x+1)y+(x+2)(x-3)$
$=\{y+(x+2)\}\{2y+(x-3)\}$
$=(x+y+2)(x+2y-3)$

31a (1) x^3+8 (2) x^3-64 (3) a^3-27b^3

31b (1) a^3+27 (2) $8x^3-1$ (3) $27x^3+y^3$

32a (1) $x^3-6x^2+12x-8$
    (2) $8x^3+12x^2y+6xy^2+y^3$

32b (1) $27a^3+27a^2+9a+1$
    (2) $27x^3-54x^2y+36xy^2-8y^3$

33a (1) $(x+1)(x^2-x+1)$
    (2) $(x-2y)(x^2+2xy+4y^2)$

33b (1) $(4x+y)(16x^2-4xy+y^2)$
    (2) $(2a-3)(4a^2+6a+9)$

練習1 (1) a^4-1 (2) x^4-2x^2+1
    (3) $x^8-2x^4y^4+y^8$

練習2 (1) $x^4-2x^3-13x^2+14x+24$
    (2) $x^4+6x^3+11x^2+6x$
    (3) $x^4+12x^3+47x^2+72x+36$

練習3 (1) $3x(x+1)(x-3)$
    (2) $x(4x+3y)(4x-3y)$
    (3) $(x^2+4)(x+2)(x-2)$
    (4) $(x+1)(x-1)(2x+1)(2x-1)$

練習4 (1) $(a+1)(b+1)(c+1)$
    (2) $-(a-b)(b-c)(c-a)$

2 節 実数

34a (1) $\dfrac{1}{6}=0.16\dot{6}$ (2) $\dfrac{17}{33}=0.\dot{5}\dot{1}$
    (3) $\dfrac{8}{27}=0.\dot{2}9\dot{6}$

34b (1) $\dfrac{8}{15}=0.5\dot{3}$ (2) $\dfrac{16}{11}=1.\dot{4}\dot{5}$
    (3) $\dfrac{5}{111}=0.\dot{0}4\dot{5}$

35a (1) $0.\dot{7}=\dfrac{7}{9}$ (2) $0.\dot{4}\dot{5}=\dfrac{5}{11}$

35b (1) $1.\dot{3}=\dfrac{4}{3}$ (2) $0.\dot{1}0\dot{3}=\dfrac{103}{999}$

36a (1) 8 (2) $\sqrt{3}$
    (3) 15 (4) $\sqrt{6}-2$

36b (1) 0.3 (2) $\dfrac{1}{7}$
    (3) 5 (4) $4-\sqrt{15}$

37a (1) $\sqrt{10}$ と $-\sqrt{10}$ (2) 3
    (3) -6 (4) 5 (5) 2

37b (1) 4 と -4 (2) 9
    (3) 7 (4) 8 (5) 18

38a (1) $2\sqrt{7}$ (2) $3\sqrt{2}$ (3) $2\sqrt{6}$

38b (1) $6\sqrt{2}$ (2) $3\sqrt{35}$ (3) $2\sqrt{3}$

考えてみよう 3
141

39a (1) $-3\sqrt{3}$ (2) $6\sqrt{3}$
    (3) $5\sqrt{3}-4\sqrt{2}$

39b (1) $7\sqrt{2}-3\sqrt{5}$ (2) $7\sqrt{2}$
    (3) $5\sqrt{5}-5\sqrt{2}$

40a (1) $7\sqrt{3}+7\sqrt{2}$ (2) $8-9\sqrt{2}$

(3) $10+2\sqrt{21}$ **(4)** 6

40b **(1)** $\sqrt{2}$ **(2)** $-4+3\sqrt{6}$

     (3) $8-4\sqrt{3}$ **(4)** 10

41a **(1)** $\dfrac{2\sqrt{5}}{5}$ **(2)** $\dfrac{\sqrt{6}}{3}$

     (3) $\dfrac{\sqrt{5}}{2}$ **(4)** $\dfrac{\sqrt{6}-\sqrt{2}}{2}$

41b **(1)** $\dfrac{\sqrt{6}}{2}$ **(2)** $\dfrac{\sqrt{21}}{14}$

     (3) $\sqrt{2}$ **(4)** $\dfrac{\sqrt{15}-\sqrt{6}}{3}$

考えてみよう 4

たとえば，$\sqrt{28}$ を掛けても分母を有理化できる。

$$\dfrac{7}{\sqrt{28}}=\dfrac{7\times\sqrt{28}}{\sqrt{28}\times\sqrt{28}}=\dfrac{14\sqrt{7}}{28}=\dfrac{\sqrt{7}}{2}$$

42a **(1)** $\dfrac{\sqrt{7}-\sqrt{3}}{4}$ **(2)** $\sqrt{3}+1$

     (3) $2-\sqrt{3}$ **(4)** $13+2\sqrt{42}$

42b **(1)** $\dfrac{2(\sqrt{6}+\sqrt{3})}{3}$ **(2)** $-2\sqrt{3}+\sqrt{15}$

     (3) $3+2\sqrt{2}$ **(4)** $2+\sqrt{3}$

43a **(1)** $\sqrt{2}+1$ **(2)** $\sqrt{5}-1$

     (3) $\sqrt{6}+\sqrt{2}$ **(4)** $\dfrac{\sqrt{14}+\sqrt{2}}{2}$

43b **(1)** $\sqrt{3}-\sqrt{2}$ **(2)** $\sqrt{10}+1$

     (3) $3-\sqrt{5}$ **(4)** $\dfrac{\sqrt{6}-\sqrt{2}}{2}$

練習 5 **(1)** $2\sqrt{3}$ **(2)** 1 **(3)** 10 **(4)** $18\sqrt{3}$

練習 6 **(1)** $a=4,\ b=\sqrt{19}-4$

        (2) $a=6,\ b=3\sqrt{5}-6$

考えてみよう 5

$b^2+6b=4$

3 節‖ 1次不等式

44a **(1)** $4x-6\leqq16$ **(2)** $x-5<\dfrac{1}{2}x$

44b **(1)** $4a+3b\geqq600$ **(2)** $4x+3>7x-4$

45a **(1)**

     (2)

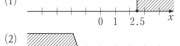

45b **(1)**

(2)

46a **(1)** $<$ **(2)** $>$ **(3)** $<$

46b **(1)** $\geqq$ **(2)** $\geqq$ **(3)** $\leqq$

47a **(1)** $x\geqq5$ **(2)** $x\leqq2$ **(3)** $x>-3$

47b **(1)** $x<-3$ **(2)** $x>-\dfrac{1}{2}$ **(3)** $x\leqq6$

48a **(1)** $x\geqq-2$ **(2)** $x<1$ **(3)** $x>4$

(4) $x\leqq-6$ **(5)** $x>\dfrac{1}{2}$

48b **(1)** $x>-2$ **(2)** $x\leqq-2$ **(3)** $x\geqq\dfrac{2}{3}$

     (4) $x<-5$ **(5)** $x\geqq1$

49a **(1)** $x>5$ **(2)** $x\geqq3$

     (3) $x<-2$ **(4)** $x\geqq8$

49b **(1)** $x\leqq4$ **(2)** $x<3$

     (3) $x\geqq-8$ **(4)** $x<10$

50a **(1)** $x\leqq-3$ **(2)** $x<10$ **(3)** $x>1$

50b **(1)** $x<\dfrac{15}{7}$ **(2)** $x<-2$ **(3)** $x<-\dfrac{1}{9}$

51a 3

51b 少なくとも23個入れる必要がある。

52a **(1)** $1<x<3$ **(2)** $x\geqq-\dfrac{1}{2}$

52b **(1)** $x\leqq-2$ **(2)** $2<x\leqq3$

考えてみよう 6

$x=1$

53a **(1)** $-2<x<4$ **(2)** $x>2$

53b **(1)** $\dfrac{11}{2}<x<8$ **(2)** $x\leqq\dfrac{4}{3}$

練習 7 **(1)** $x=\pm7$ **(2)** $-1\leqq x\leqq1$

      (3) $x<-3,\ 3<x$ **(4)** $x=-4,\ -6$

      (5) $-1<x<7$ **(6)** $x<-1,\ 3<x$

練習 8 **(1)** $x=-2$ **(2)** $x=2$

2章　2次関数

1 節‖ 2次関数とそのグラフ

54a $y=42-7x$ 定義域は　$0\leqq x\leqq6$

54b $y=18-2x$ 定義域は　$0\leqq x\leqq9$

55a $f(3)=8,\ f(0)=-1,\ f(a-1)=a^2-2a$

55b $f(2)=-6,\ f(-2)=-2,\ f(2a)=-4a^2-2a$

56a 値域は　$-4\leqq y\leqq2$

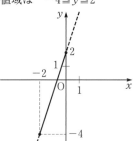

56b 値域は　$-2\leqq y\leqq1$

57a

x	$\cdots$	-3	-2	-1	0	1	2	3	$\cdots$
$2x^2$	$\cdots$	18	8	2	0	2	8	18	$\cdots$

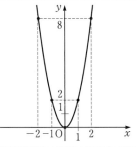

57b

x	$\cdots$	-3	-2	-1	0	1	2	3	$\cdots$
$-x^2$	$\cdots$	-9	-4	-1	0	-1	-4	-9	$\cdots$

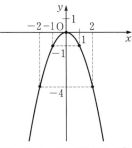

58a (1) 軸は y 軸，頂点は点$(0,\ 1)$

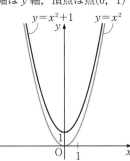

(2) 軸は y 軸，頂点は点$(0,\ -2)$

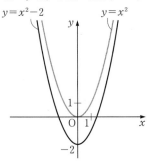

58b (1) 軸は y 軸，頂点は点$(0,\ 3)$

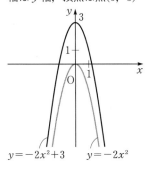

(2) 軸は y 軸，頂点は点$(0,\ -1)$

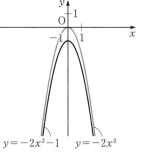

59a (1) 軸は直線 $x=2$，頂点は点$(2,\ 0)$

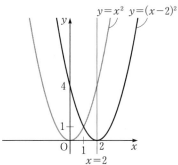

(2) 軸は直線 $x=-1$，頂点は点$(-1,\ 0)$

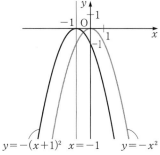

59b (1) 軸は直線 $x=-3$，頂点は点$(-3,\ 0)$

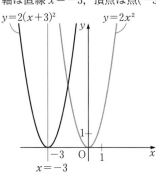

(2) 軸は直線 $x=2$，頂点は点$(2,\ 0)$

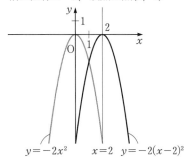

60a (1) 軸は直線 $x=2$, 頂点は点$(2,\ 1)$

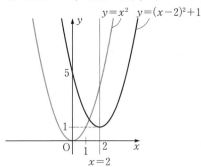

(2) 軸は直線 $x=-2$, 頂点は点$(-2,\ 3)$

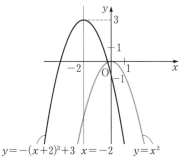

60b (1) 軸は直線 $x=-1$, 頂点は点$(-1,\ -4)$

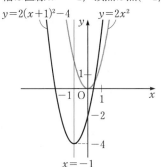

(2) 軸は直線 $x=1$, 頂点は点$(1,\ -1)$

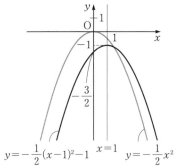

61a (1) $y=3x^2+1$　(2) $y=3(x+4)^2$
(3) $y=3(x-1)^2+4$　(4) $y=3(x+3)^2+2$

61b (1) $y=-2x^2+5$　(2) $y=-2(x+1)^2$
(3) $y=-2(x-2)^2-3$
(4) $y=-2(x+4)^2-1$

62a (1) $y=(x+1)^2-1$　(2) $y=(x+2)^2+1$
(3) $y=\left(x+\dfrac{3}{2}\right)^2-\dfrac{9}{4}$
(4) $y=\left(x+\dfrac{1}{2}\right)^2-\dfrac{9}{4}$

62b (1) $y=(x-3)^2-7$　(2) $y=(x-4)^2-17$
(3) $y=\left(x-\dfrac{1}{2}\right)^2+\dfrac{19}{4}$
(4) $y=\left(x+\dfrac{5}{2}\right)^2-\dfrac{37}{4}$

63a (1) $y=2(x-1)^2-2$　(2) $y=4(x+2)^2-13$
(3) $y=-(x-3)^2+8$
(4) $y=-\left(x+\dfrac{1}{2}\right)^2+\dfrac{13}{4}$

63b (1) $y=3(x-1)^2-5$　(2) $y=2(x+1)^2-3$
(3) $y=-2(x+2)^2+5$
(4) $y=\dfrac{1}{2}(x-1)^2-\dfrac{1}{2}$

64a (1) 軸は直線 $x=1$, 頂点は点$(1,\ -4)$

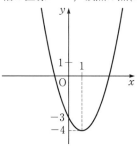

(2) 軸は直線 $x=3$, 頂点は点$(3,\ 4)$

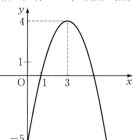

64b (1) 軸は直線 $x=-1$, 頂点は点$(-1,\ -1)$

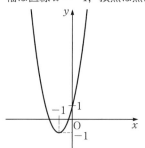

(2) 軸は直線 $x=2$, 頂点は点$(2,\ 5)$

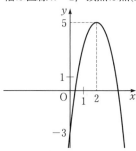

65a $y=x^2+4x-1$

65b $y=-x^2-6x-10$

考えてみよう 7

$$y=ax^2+bx+c=a\left(x^2+\frac{b}{a}x\right)+c$$

$$=a\left\{\left(x+\frac{b}{\boxed{2a}}\right)^2-\left(\frac{b}{\boxed{2a}}\right)^2\right\}+c$$

$$=a\left(x+\frac{b}{\boxed{2a}}\right)^2-\frac{b^2}{\boxed{4a}}+c$$

$$=a\left(x+\frac{b}{\boxed{2a}}\right)^2-\frac{\boxed{b^2-4ac}}{\boxed{4a}}$$

これより，2次関数 $y=ax^2+bx+c$ のグラフは，$y=ax^2$ のグラフを平行移動した放物線で，

軸は直線 $x=\boxed{-\dfrac{b}{2a}}$，

頂点は点 $\left(\boxed{-\dfrac{b}{2a}},\ \boxed{-\dfrac{b^2-4ac}{4a}}\right)$

である。

66a (1) $x=3$ で最小値 5 をとり，最大値はない。

(2) $x=-1$ で最小値 -6 をとり，最大値はない。

(3) $x=-2$ で最大値 5 をとり，最小値はない。

66b (1) $x=1$ で最小値 -2 をとり，最大値はない。

(2) $x=-3$ で最大値 9 をとり，最小値はない。

(3) $x=\dfrac{3}{2}$ で最大値 $\dfrac{17}{4}$ をとり，最小値はない。

67a (1) $x=3$ で最大値 1，$x=1$ で最小値 -3

(2) $x=1$ で最大値 5，$x=-1$ で最小値 -3

(3) $x=2$ で最大値 3，$x=-1$ で最小値 -6

67b (1) $x=1$ で最大値 3，$x=-1$ で最小値 -5

(2) $x=1$ で最大値 2，$x=-1$ で最小値 -10

(3) $x=-2,\ 0$ で最大値 -1，

$x=-1$ で最小値 -2

68a AP が 6 のとき，最小値は 72

68b 縦 $4\,\text{cm}$，横 $4\,\text{cm}$ のとき，最大値は $16\,\text{cm}^2$

69a (1) $y=x^2-4x+5$ (2) $y=-x^2-4x-3$

69b (1) $y=4x^2-16x+13$ (2) $y=2x^2+4x-2$

70a (1) $y=2x^2-8x+5$ (2) $y=\dfrac{1}{2}x^2-3$

70b (1) $y=-2x^2-4x+7$ (2) $y=x^2-x+1$

71a $y=-x^2-x+2$

71b $y=2x^2-x-1$

練習 9 (1) $y=-x^2+6$ (2) $y=-x^2-8x-14$

練習10 (1) $y=2x^2-4x-1$

(2) $y=-2x^2-4x+1$

(3) $y=2x^2+4x-1$

練習11 (1) $a=-1,\ b=0,\ c=5$

(2) $y=x^2+3x-5$

練習12 (1) $y=-2x^2-12x-11$

(2) $y=2x^2-4x-1$

練習13 (1) $x=a$ で最大値 $-a^2+6a-5$ をとる。

(2) $x=3$ で最大値 4 をとる。

練習14 (1) $x=0$ で最小値 1 をとる。

(2) $x=2a$ で最小値 $-4a^2+1$ をとる。

(3) $x=2$ で最小値 $-8a+5$ をとる。

2 節‖ 2次方程式・2次不等式

72a (1) $x=1,\ 4$ (2) $x=-5,\ 5$

(3) $x=-1,\ -\dfrac{1}{2}$ (4) $x=3,\ \dfrac{1}{2}$

(5) $x=-3,\ \dfrac{2}{3}$

72b (1) $x=0,\ \dfrac{3}{2}$ (2) $x=-1,\ 6$

(3) $x=\dfrac{1}{2}$ (4) $x=2,\ -\dfrac{1}{2}$

(5) $x=\dfrac{3}{2},\ \dfrac{2}{3}$

73a (1) $x=\dfrac{-5\pm\sqrt{17}}{2}$ (2) $x=\dfrac{3\pm\sqrt{33}}{4}$

(3) $x=3\pm\sqrt{3}$

73b (1) $x=\dfrac{1\pm\sqrt{33}}{4}$ (2) $x=-2\pm\sqrt{11}$

(3) $x=\dfrac{-6\pm\sqrt{6}}{5}$

考えてみよう 8

$x^2+2\cdot(-2)x-6=0$ であるから

$$x=\frac{-(-2)\pm\sqrt{(-2)^2-1\cdot(-6)}}{1}=2\pm\sqrt{10}$$

74a (1) 2 個 (2) 0 個 (3) 1 個

74b (1) 2 個 (2) 1 個 (3) 0 個

考えてみよう 9

$4x^2-12x+9=0$ の判別式を D とする。

$4x^2+2\cdot(-6)x+9=0$ であるから

$$\frac{D}{4}=(-6)^2-4\cdot9=36-36=0$$

よって，実数解の個数は 1 個

75a (1) $m\geqq-2$ (2) $m=-2$ (3) $m<-2$

75b (1) $m\geqq\dfrac{2}{3}$ (2) $m=\dfrac{2}{3}$ (3) $m<\dfrac{2}{3}$

考えてみよう 10

$x=-3$

76a (1) $x=-3,\ 2$ (2) $x=-1$

(3) $x=\dfrac{-5\pm\sqrt{5}}{2}$

76b (1) $x=-2,\ 1$ (2) $x=1$

(3) $x=\dfrac{2\pm\sqrt{2}}{2}$

77a (1) 0 個 (2) 2 個

77b (1) 1 個 (2) 0 個

78a (1) $m<2$ (2) $m=2$ (3) $m>2$

78b (1) $m > -\dfrac{5}{4}$ (2) $m = -\dfrac{5}{4}$

(3) $m < -\dfrac{5}{4}$

79a (1) $x < -7,\ 2 < x$ (2) $1 \le x \le 2$

(3) $-3 < x < 3$ (4) $x < -\dfrac{1}{2},\ 3 < x$

79b (1) $-4 < x < 3$ (2) $x \le -4,\ -2 \le x$

(3) $x < -9,\ 0 < x$ (4) $\dfrac{1}{2} \le x \le \dfrac{2}{3}$

80a (1) $\dfrac{-5-\sqrt{13}}{2} < x < \dfrac{-5+\sqrt{13}}{2}$

(2) $x \le \dfrac{1-\sqrt{13}}{6},\ \dfrac{1+\sqrt{13}}{6} \le x$

(3) $-1-\sqrt{2} < x < -1+\sqrt{2}$

80b (1) $x < \dfrac{1-\sqrt{13}}{2},\ \dfrac{1+\sqrt{13}}{2} < x$

(2) $x \le \dfrac{-7-\sqrt{17}}{4},\ \dfrac{-7+\sqrt{17}}{4} \le x$

(3) $\dfrac{1-\sqrt{5}}{4} < x < \dfrac{1+\sqrt{5}}{4}$

81a (1) $x \le -1,\ 4 \le x$ (2) $-\dfrac{3}{2} < x < \dfrac{2}{3}$

(3) $x < \dfrac{3-\sqrt{17}}{2},\ \dfrac{3+\sqrt{17}}{2} < x$

81b (1) $-1 \le x \le 1$ (2) $x \le -1,\ \dfrac{5}{2} \le x$

(3) $-2-\sqrt{5} < x < -2+\sqrt{5}$

82a (1) 2以外のすべての実数

(2) すべての実数

(3) 解はない

(4) $x = 2$

82b (1) -1以外のすべての実数

(2) 解はない

(3) すべての実数

(4) $x = -1$

83a (1) すべての実数 (2) 解はない

(3) すべての実数 (4) 解はない

83b (1) 解はない (2) すべての実数

(3) すべての実数 (4) 解はない

84a (1) $x < -2,\ \dfrac{3}{4} < x$ (2) すべての実数

(3) $-3 < x < 1$

84b (1) $\dfrac{5-\sqrt{13}}{6} \le x \le \dfrac{5+\sqrt{13}}{6}$

(2) 解はない

(3) $x < -2-\sqrt{5},\ -2+\sqrt{5} < x$

練習15 (1) $2 < x \le 3$

(2) $-2 < x < -1,\ 4 < x < 6$

練習16 8 cm 以上 9 cm 未満

練習17 (1) $a > 0,\quad b > 0,\quad c > 0,\quad b^2 - 4ac > 0,$
$a + b + c > 0$

(2) $a < 0,\quad b > 0,\quad c < 0,\quad b^2 - 4ac < 0,$
$a + b + c < 0$

練習18 (1) $-3 < m < 2$ (2) $0 < m < 4$

練習19 $-12 < m < -3$

練習20 (1) $(-1,\ -4),\ (2,\ 5)$ (2) $(1,\ 2)$

3章 図形と計量

1節∥三角比

85a (1) $\sin A = \dfrac{5}{13}$, $\cos A = \dfrac{12}{13}$, $\tan A = \dfrac{5}{12}$

(2) $\sin A = \dfrac{3}{5}$, $\cos A = \dfrac{4}{5}$, $\tan A = \dfrac{3}{4}$

85b (1) $\sin A = \dfrac{\sqrt{11}}{6}$, $\cos A = \dfrac{5}{6}$, $\tan A = \dfrac{\sqrt{11}}{5}$

(2) $\sin A = \dfrac{\sqrt{6}}{3}$, $\cos A = \dfrac{\sqrt{3}}{3}$, $\tan A = \sqrt{2}$

86a (1) $\sin A = \dfrac{3}{7}$, $\cos A = \dfrac{2\sqrt{10}}{7}$, $\tan A = \dfrac{3}{2\sqrt{10}}$

(2) $\sin A = \dfrac{\sqrt{3}}{2}$, $\cos A = \dfrac{1}{2}$, $\tan A = \sqrt{3}$

86b (1) $\sin A = \dfrac{3}{5}$, $\cos A = \dfrac{4}{5}$, $\tan A = \dfrac{3}{4}$

(2) $\sin A = \dfrac{2}{\sqrt{5}}$, $\cos A = \dfrac{1}{\sqrt{5}}$, $\tan A = 2$

87a

$\sin 30° = \dfrac{1}{2}$, $\sin 60° = \dfrac{\sqrt{3}}{2}$, $\sin 45° = \dfrac{1}{\sqrt{2}}$

87b

A	$30°$	$45°$	$60°$
$\sin A$	$\dfrac{1}{2}$	$\dfrac{1}{\sqrt{2}}$	$\dfrac{\sqrt{3}}{2}$
$\cos A$	$\dfrac{\sqrt{3}}{2}$	$\dfrac{1}{\sqrt{2}}$	$\dfrac{1}{2}$
$\tan A$	$\dfrac{1}{\sqrt{3}}$	1	$\sqrt{3}$

88a (1) 0.3420 (2) 0.7431 (3) 6.3138

88b (1) 0.9659 (2) 0.9903 (3) 0.6494

89a $A \fallingdotseq 26°$

89b $A \fallingdotseq 68°$

90a (1) $BC = 3\sqrt{3}$, $AC = 3$

(2) $BC = 5\sqrt{3}$, $AC = 5$

90b (1) $BC = 2\sqrt{2}$, $AC = 2\sqrt{2}$

(2) $BC = \dfrac{3\sqrt{3}}{2}$, $AC = \dfrac{3}{2}$

91a $BC = 5$

91b $BC = 3\sqrt{2}$

92a 30.8 m
92b BC は 41.6 m，AC は 195.6 m
93a 16.8 m
93b 38.4 m

94a $\cos A = \dfrac{\sqrt{5}}{3}$，$\tan A = \dfrac{2}{\sqrt{5}}$

94b $\sin A = \dfrac{2\sqrt{2}}{3}$，$\tan A = 2\sqrt{2}$

95a $\sin A = \dfrac{1}{\sqrt{10}}$，$\cos A = \dfrac{3}{\sqrt{10}}$

95b $\sin A = \dfrac{2\sqrt{2}}{3}$，$\cos A = \dfrac{1}{3}$

96a (1) $\cos 29°$　(2) $\sin 10°$　(3) $\dfrac{1}{\tan 42°}$

96b (1) $\cos 37°$　(2) $\sin 11°$　(3) $\dfrac{1}{\tan 4°}$

97a

θ	0°	30°	45°	60°	90°
$\sin\theta$	0	$\dfrac{1}{2}$	$\dfrac{1}{\sqrt{2}}$	$\dfrac{\sqrt{3}}{2}$	1
$\cos\theta$	1	$\dfrac{\sqrt{3}}{2}$	$\dfrac{1}{\sqrt{2}}$	$\dfrac{1}{2}$	0
$\tan\theta$	0	$\dfrac{1}{\sqrt{3}}$	1	$\sqrt{3}$	

θ	120°	135°	150°	180°
$\sin\theta$	$\dfrac{\sqrt{3}}{2}$	$\dfrac{1}{\sqrt{2}}$	$\dfrac{1}{2}$	0
$\cos\theta$	$-\dfrac{1}{2}$	$-\dfrac{1}{\sqrt{2}}$	$-\dfrac{\sqrt{3}}{2}$	-1
$\tan\theta$	$-\sqrt{3}$	-1	$-\dfrac{1}{\sqrt{3}}$	0

97b

θ	0°	鋭角	90°	鈍角	180°
$\sin\theta$	0	+	1	+	0
$\cos\theta$	1	+	0	−	−1
$\tan\theta$	0	+		−	0

考えてみよう 11
(1) 鈍角　　(2) 鋭角　　(3) 鈍角

98a $\sin 162° = 0.3090$，$\cos 162° = -0.9511$，
$\tan 162° = -0.3249$

98b $\sin 97° = 0.9925$，$\cos 97° = -0.1219$，
$\tan 97° = -8.1443$

99a (1) $\cos\theta = -\dfrac{2\sqrt{2}}{3}$，$\tan\theta = -\dfrac{1}{2\sqrt{2}}$

(2) $\sin\theta = \dfrac{\sqrt{7}}{4}$，$\tan\theta = -\dfrac{\sqrt{7}}{3}$

(3) $\sin\theta = \dfrac{\sqrt{3}}{2}$，$\cos\theta = -\dfrac{1}{2}$

99b (1) $\cos\theta = -\dfrac{5}{13}$，$\tan\theta = -\dfrac{12}{5}$

(2) $\sin\theta = \dfrac{\sqrt{5}}{3}$，$\tan\theta = -\dfrac{\sqrt{5}}{2}$

(3) $\sin\theta = \dfrac{1}{\sqrt{5}}$，$\cos\theta = \dfrac{2}{\sqrt{5}}$

100a (1) $\theta = 45°,\ 135°$　(2) $\theta = 0°,\ 180°$
100b (1) $\theta = 60°,\ 120°$　(2) $\theta = 90°$
101a (1) $\theta = 45°$　(2) $\theta = 120°$
101b (1) $\theta = 30°$　(2) $\theta = 180°$
102a (1) $\theta = 30°$　(2) $\theta = 135°$
102b (1) $\theta = 60°$　(2) $\theta = 0°,\ 180°$

2 節‖ 図形の計量
103a (1) $R = 5$　　(2) $R = 1$
103b (1) $R = \sqrt{3}$　　(2) $R = \sqrt{3}$
104a (1) $b = \sqrt{6}$　　(2) $a = 2\sqrt{6}$
104b (1) $c = 10\sqrt{2}$　　(2) $a = 4\sqrt{2}$
105a (1) $A = 45°$　　(2) $a = 6\sqrt{2}$
105b (1) $C = 60°$　　(2) $b = \sqrt{2}$
106a (1) $a = \sqrt{57}$　　(2) $c = 3\sqrt{7}$
106b (1) $b = \sqrt{7}$　　(2) $a = \sqrt{17}$
107a (1) $B = 60°$　　(2) $C = 120°$
107b (1) $A = 135°$　　(2) $B = 90°$

108a (1) 3　　(2) $\dfrac{5}{2}$　　(3) $\dfrac{3}{2}$

108b (1) $\dfrac{63\sqrt{3}}{4}$　(2) 15　　(3) $3\sqrt{2}$

109a (1) $\dfrac{1}{2}$　　(2) $\dfrac{\sqrt{3}}{2}$　(3) $10\sqrt{3}$

109b (1) $-\dfrac{1}{4}$　(2) $\dfrac{\sqrt{15}}{4}$　(3) $3\sqrt{15}$

110a $a = 2\sqrt{2}$，$B = 30°$，$C = 105°$
110b $b = \sqrt{6}$，$A = 45°$，$C = 15°$
111a 100 m
111b 4.9

練習21 $c = 2$，$B = 120°$，$C = 30°$ または
$c = 4$，$B = 60°$，$C = 90°$

練習22 (1) $\dfrac{60}{17}$　　　(2) $\dfrac{12\sqrt{2}}{7}$

練習23 (1) $3\sqrt{7}$　(2) 9　　(3) $\dfrac{45\sqrt{3}}{4}$

練習24 $\dfrac{\sqrt{17}}{2}$

練習25 (1) $\dfrac{15\sqrt{3}}{4}$　　(2) $\dfrac{\sqrt{3}}{2}$

4 章　集合と論理

1 節‖ 集合と論理
112a (1) $A = \{1,\ 2,\ 4,\ 5,\ 10,\ 20\}$
(2) $B = \{7,\ 14,\ 21,\ 28\}$
112b (1) $A = \{1,\ 2,\ 3,\ 5,\ 6,\ 10,\ 15,\ 30\}$
(2) $B = \{-4,\ 4\}$
113a (1) $B \subset A$　　(2) $A \subset B$
113b (1) $A \subset B$　　(2) $B \subset A$

$\varnothing$, $\{1\}$, $\{2\}$, $\{3\}$, $\{1, 2\}$, $\{1, 3\}$, $\{2, 3\}$, $\{1, 2, 3\}$

114a (1) $A \cap B = \{2, 6\}$

$A \cup B = \{1, 2, 3, 4, 6, 8\}$

(2) $A \cap B = \varnothing$

$A \cup B = \{1, 2, 3, 4, 6, 8, 9, 12, 15, 16\}$

(3) $A \cap B = \{1, 5\}$

$A \cup B = \{1, 2, 3, 4, 5, 10, 15, 20\}$

114b (1) $A \cap B = \{1, 5, 9, 13\}$

$A \cup B = \{1, 3, 5, 7, 9, 11, 13\}$

(2) $A \cap B = \varnothing$

$A \cup B = \{0, 1, 2, 3, 4, 6, 8, 10, 16\}$

(3) $A \cap B = \{2, 4, 6\}$

$A \cup B = \{1, 2, 3, 4, 6, 8, 12\}$

115a $\overline{A} = \{2, 4, 6, 8\}$

115b $\overline{A} = \{3, 6, 12, 24\}$

116a (1) $\overline{A} = \{1, 3, 5, 7, 9, 11, 13, 15\}$

(2) $\overline{B} = \{1, 2, 4, 5, 7, 8, 10, 11, 13, 14\}$

(3) $A \cup B = \{2, 3, 4, 6, 8, 9, 10, 12, 14, 15\}$

(4) $\overline{A \cup B} = \{1, 5, 7, 11, 13\}$

116b (1) $\overline{A} = \{5, 7, 8, 9, 10, 11\}$

(2) $\overline{B} = \{1, 2, 4, 5, 7, 8, 10, 11\}$

(3) $A \cap B = \{3, 6, 12\}$

(4) $\overline{A \cap B} = \{1, 2, 4, 5, 7, 8, 9, 10, 11\}$

117a (1) 真である。　　(2) 真である。

(3) 偽である。反例は $n = 36$

117b (1) 偽である。反例は $x = 0$

(2) 偽である。反例は $x = 3.5$

(3) 真である。

118a (1) 十分　(2) 必要　(3) 必要十分

118b (1) 必要　(2) 必要十分　(3) 十分

119a (1) $x \leqq -2$　　(2) $x \neq 3$

(3) n は奇数である。

119b (1) $x > 4$　　(2) $x = -1$

(3) x は無理数である。

120a (1) $x \neq 1$ または $y \neq 3$

(2) $x \leqq 1$ または $x \geqq 3$

(3) $0 < x < 10$

(4) m, n はともに偶数である。

120b (1) $x = 0$ または $y = 0$

(2) $x \leqq 0$ または $x \geqq 1$

(3) $3 \leqq x < 4$

(4) m または n は偶数である。

121a (1) 逆「$x^2 = 25 \implies x = 5$」

これは偽である。反例は $x = -5$

裏「$x \neq 5 \implies x^2 \neq 25$」

これは偽である。反例は $x = -5$

対偶「$x^2 \neq 25 \implies x \neq 5$」

これは真である。

(2) 逆「$x^2 = 1 \implies x \leqq 1$」

これは真である。

裏「$x > 1 \implies x^2 \neq 1$」

これは真である。

対偶「$x^2 \neq 1 \implies x > 1$」

これは偽である。反例は $x = 0$

121b (1) 逆「$x \leqq 0 \implies x < 1$」

これは真である。

裏「$x \geqq 1 \implies x > 0$」

これは真である。

対偶「$x > 0 \implies x \geqq 1$」

これは偽である。反例は $x = \dfrac{1}{2}$

(2) 逆「$x \neq 0$ または $y \neq 0 \implies x + y \neq 0$」

これは偽である。反例は $x = 1$, $y = -1$

裏「$x + y = 0 \implies x = 0$ かつ $y = 0$」

これは偽である。反例は $x = 1$, $y = -1$

対偶「$x = 0$ かつ $y = 0 \implies x + y = 0$」

これは真である。

122a (1) 対偶は「$a < 0$ かつ $b < 0 \implies a + b < 0$」である。

これは真であるから，もとの命題は真である。

(2) 対偶「n が偶数ならば，n^3 は偶数である。」を証明する。

n が偶数ならば，n は自然数 k を用いて $n = 2k$ と表すことができる。このとき

$$n^3 = (2k)^3 = 2(4k^3)$$

$4k^3$ は自然数であるから，n^3 は偶数である。

対偶が真であるから，もとの命題も真である。

122b (1) 対偶は「$x = 1 \implies x^3 = 1$」である。

これは真であるから，もとの命題は真である。

(2) 対偶「n が奇数ならば，$5n + 1$ は偶数である。」を証明する。

n が奇数ならば，n は 0 以上の整数 k を用いて $n = 2k + 1$ と表すことができる。このとき

$$5n + 1 = 5(2k + 1) + 1 = 10k + 6$$
$$= 2(5k + 3)$$

$5k + 3$ は自然数であるから，$5n + 1$ は偶数である。

対偶が真であるから，もとの命題も真である。

123a $\sqrt{5} + 2$ が無理数でないと仮定すると，$\sqrt{5} + 2$ は有理数であるから，有理数 a を用いて $\sqrt{5} + 2 = a$ と表すことができる。これを変形すると　$\sqrt{5} = a - 2$

a は有理数であるから，右辺の $a-2$ は有理数である。

これは左辺の $\sqrt{5}$ が無理数であることに矛盾する。

したがって，$\sqrt{5}+2$ は無理数である。

123b 2π が無理数でないと仮定すると，2π は有理数であるから，有理数 a を用いて $2\pi=a$ と表すことができる。

これを変形すると　$\pi=\dfrac{a}{2}$

a は有理数であるから，右辺の $\dfrac{a}{2}$ は有理数である。

これは左辺の π が無理数であることに矛盾する。

したがって，2π は無理数である。

5章　データの分析

1 節 データの分析

124a (1) 5点　(2) 4点　(3) 4点
124b (1) 5点　(2) 7点　(3) 5点
125a (1)

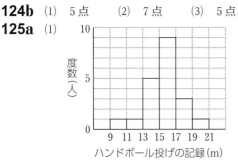

度数（人）／ハンドボール投げの記録(m)

(2)

階級(m)	階級値 x	度数 f(人)	xf
9以上〜11未満	10	1	10
11　〜13	12	1	12
13　〜15	14	5	70
15　〜17	16	9	144
17　〜19	18	3	54
19　〜21	20	1	20
合計		20	310

平均値は　15.5m

(3)　16m

125b (1)

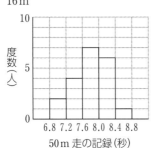

度数（人）／50m走の記録(秒)

(2)

階級(秒)	階級値 x	度数 f(人)	xf
6.8以上〜7.2未満	7.0	2	14.0
7.2　〜7.6	7.4	4	29.6
7.6　〜8.0	7.8	7	54.6
8.0　〜8.4	8.2	6	49.2
8.4　〜8.8	8.6	1	8.6
合計		20	156.0

平均値は　7.8秒

(3)　7.8秒

126a 46
126b 14
127a (1) $Q_1=4$, $Q_2=10$, $Q_3=15$

四分位範囲は　11，四分位偏差は　$\dfrac{11}{2}$

(2) $Q_1=2$, $Q_2=5$, $Q_3=7$

四分位範囲は　5，四分位偏差は　$\dfrac{5}{2}$

127b (1) $Q_1=2$, $Q_2=5$, $Q_3=9$

四分位範囲は　7，四分位偏差は　$\dfrac{7}{2}$

(2) $Q_1=3$, $Q_2=6$, $Q_3=9$

四分位範囲は　6，四分位偏差は　3

128a

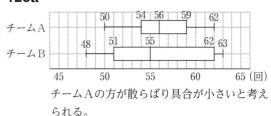

チームAの方が散らばり具合が小さいと考えられる。

128b

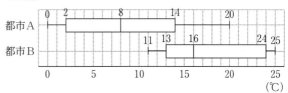

都市Bの方が散らばり具合が小さいと考えられる。

129a 外れ値は11

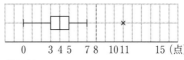

129b 外れ値は 0 と20

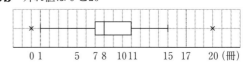

130a 分散9，標準偏差3点
130b 分散11，標準偏差3.3m

数学の小テストの標準偏差は2点で，理科の小テスト
の標準偏差は3点なので，数学の小テストの方が得点
の散らばり具合は小さい。

131a (1)

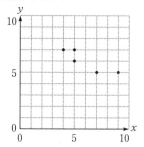

(2)

生徒	x	y	$x-\bar{x}$	$y-\bar{y}$	$(x-\bar{x})^2$	$(y-\bar{y})^2$	$(x-\bar{x})(y-\bar{y})$
A	7	5	1	−1	1	1	−1
B	4	7	−2	1	4	1	−2
C	5	7	−1	1	1	1	−1
D	9	5	3	−1	9	1	−3
E	5	6	−1	0	1	0	0
合計	30	30	0	0	16	4	−7

相関係数は −0.875

(3) 強い負の相関がある。

131b (1)

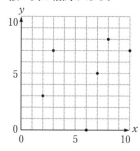

(2)

生徒	x	y	$x-\bar{x}$	$y-\bar{y}$	$(x-\bar{x})^2$	$(y-\bar{y})^2$	$(x-\bar{x})(y-\bar{y})$
A	3	7	−3	2	9	4	−6
B	7	5	1	0	1	0	0
C	6	0	0	−5	0	25	0
D	2	3	−4	−2	16	4	8
E	8	8	2	3	4	9	6
F	10	7	4	2	16	4	8
合計	36	30	0	0	46	46	16

相関係数は 0.35

(3) 弱い正の相関がある。

練習26 (1) 174.2 cm　　(2) 99.5 個

練習27 (1) 分散9，標準偏差3
　　　　　(2) 分散4，標準偏差2

数学A

1章　場合の数

1節 ‖ 数え上げの原則

1a $A=\{1, 2, 3, 4, 6, 9, 12, 18, 36\}$

1b $A=\{8, 16, 24, 32, 40, 48\}$

2a $B\subset A$

2b $A\subset R$

3a $A\cap B=\{1, 3, 5\}$,
　　$A\cup B=\{1, 2, 3, 4, 5, 7, 9\}$

3b $A\cap B=\{1, 3, 5, 15\}$,
　　$A\cup B=\{1, 2, 3, 5, 6, 10, 15, 30\}$

4a (1) $\overline{A}=\{1, 3, 5, 7, 9\}$
　　(2) $\overline{B}=\{1, 2, 3, 6, 7, 9, 10\}$
　　(3) $\overline{A\cup B}=\{1, 3, 7, 9\}$

4b (1) $\overline{A}=\{1, 2, 3, 6\}$
　　(2) $\overline{B}=\{1, 30\}$
　　(3) $\overline{A\cap B}=\{1, 2, 3, 6, 30\}$

5a (1) 8　　　　(2) 12

5b (1) 10　　　(2) 14

6a 42個

6b 88個

7a (1) 4個　　(2) 43個

7b (1) 8個　　(2) 33個

8a (1) 85人　　(2) 15人

8b (1) 28個　　(2) 32個

9a 18個

9b 9通り

考えてみよう 1

12個

10a 9通り

10b 6通り

11a 9通り

11b 9通り

12a 30通り

12b 36通り

13a 24通り

13b 210通り

14a 6個

14b 9通り

考えてみよう 2

(1) 144通り　　　　(2) 72通り

15a 12個

15b 8個

考えてみよう 3

18個

練習1 (1) 217　　　　(2) 168

2節 ‖ 順列・組合せ

16a (1) 6　　(2) 840　　(3) 10　　(4) 1800

16b (1) 360　(2) 990　(3) 6　　(4) 224

17a (1) 5040　　　(2) 504

17b (1) 48　　　　(2) 56

18a (1) 840通り　　(2) 120通り

18b (1) 120通り　　(2) 720通り

19a (1) 120個　(2) 48個　(3) 24個

19b (1) 210個　(2) 120個　(3) 30個

20a (1) 1440通り　(2) 2400通り

20b (1) 144通り　　(2) 48通り

21a (1) 81個　　　(2) 32通り

21b (1) 625通り　　(2) 64通り

22a 120通り

22b 24通り

23a (1) 56　(2) 210　(3) 12　(4) 126

23b (1) 84　(2) 55　(3) 1　(4) $\dfrac{5}{28}$

24a (1) 36　　　(2) 780

24b (1) 560　　(2) 100

25a (1) 126通り　　(2) 66通り

25b (1) 120通り　　(2) 1365通り

26a 120個

26b 210個

考えてみよう 4

20本

27a 1176通り

27b 40通り

28a (1) 252通り　　(2) 126通り

28b (1) 2520通り　(2) 105通り

29a 210個

29b 280通り

30a 420通り

30b 34650通り

31a (1) 35通り　　(2) 18通り

31b (1) 84通り　　(2) 40通り

考えてみよう 5

26通り

練習2 (1) 100個　　　(2) 48個

練習3 (1) 1440通り　(2) 720通り

練習4 (1) 60個　　　(2) 150個

練習5 (1) 56通り　(2) 21通り　(3) 35通り

練習6 (1) 84通り　(2) 66通り　(3) 55通り

2章　確率

1節 ‖ 確率の基本性質といろいろな確率

32a (1) $U=\{1, 2, 3, 4, 5, 6, 7, 8, 9\}$
　　(2) $A=\{1, 3, 5, 7, 9\}$
　　(3) $B=\{4, 8\}$

32b (1) $A=\{(グ, チ, チ), (チ, パ, パ), (パ, グ, グ)\}$

(2) $B=\{(グ, グ, グ), (チ, チ, チ),$
$(パ, パ, パ), (グ, チ, パ),$
$(グ, パ, チ), (チ, グ, パ),$
$(チ, パ, グ), (パ, グ, チ),$
$(パ, チ, グ)\}$

33a $\dfrac{3}{10}$

33b $\dfrac{1}{5}$

34a $\dfrac{7}{36}$

34b $\dfrac{1}{4}$

35a $\dfrac{1}{21}$

35b $\dfrac{5}{14}$

36a $\dfrac{3}{10}$

36b $\dfrac{1}{2}$

37a $\dfrac{1}{3}$

37b $\dfrac{3}{10}$

38a $A \cap B=\{6, 12\}$
$A \cup B=\{2, 3, 4, 6, 8, 9, 10, 12, 14, 15\}$

38b $A \cap B=\{1, 3\}$
$A \cup B=\{1, 2, 3, 4, 5\}$

39a $A と B,\ B と C$

39b $B と C$

40a $\dfrac{8}{15}$

40b $\dfrac{1}{6}$

41a $\dfrac{27}{55}$

41b $\dfrac{1}{6}$

考えてみよう 6

$\dfrac{3}{44}$

42a $\dfrac{11}{25}$

42b $\dfrac{2}{5}$

43a $\dfrac{21}{25}$

43b $\dfrac{5}{6}$

44a $\dfrac{41}{55}$

44b $\dfrac{2}{3}$

45a $\dfrac{1}{6}$

45b $\dfrac{4}{25}$

46a $\dfrac{3}{10}$

46b $\dfrac{7}{20}$

考えてみよう 7

$\dfrac{1}{5}$

47a $\dfrac{8}{81}$

47b $\dfrac{15}{64}$

48a $\dfrac{5}{16}$

48b $\dfrac{27}{64}$

49a $\dfrac{7}{27}$

49b $\dfrac{73}{729}$

50a $\dfrac{4}{7}$

50b $\dfrac{5}{9}$

51a $\dfrac{3}{28}$

51b $\dfrac{2}{15}$

52a $\dfrac{4}{15}$

52b $\dfrac{4}{9}$

53a 725円

53b 45円

54a $\dfrac{15}{8}$個

54b $\dfrac{3}{5}$本

55a 有利である。

55b 不利である。

練習7 $\dfrac{81}{125}$

練習8 (1) $\dfrac{160}{729}$ (2) $\dfrac{80}{243}$

練習9 (1) $\dfrac{17}{42}$ (2) $\dfrac{8}{17}$

練習10 たこ焼きを販売する方が有利である。

3章　図形の性質

56a (1) $x=4$, $y=20$　　(2) $x=3$, $y=10$
56b (1) $x=10$, $y=12$　　(2) $x=21$, $y=16$
57a (1) $2:3$　　　　　　(2) $5:3$
57b (1) $2:1$　　　　　　(2) $2:3$
58a

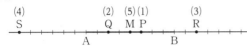

58b

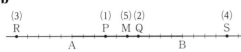

59a (1) $x=6$　　(2) $x=8$　　(3) $x=5$
59b (1) $x=18$　　(2) $x=20$　　(3) $x=6$
60a (1) $x=6$　　　　　　(2) $x=7$
60b (1) $x=10$　　　　　(2) $x=4$
61a (1) $x=31°$, $y=118°$　(2) $x=25°$, $y=55°$
61b (1) $x=22°$, $y=40°$　(2) $x=25°$, $y=130°$
62a (1) $x=40°$, $y=20°$　(2) $x=127°$, $y=74°$
62b (1) $x=25°$, $y=90°$　(2) $x=121°$
63a $x=8$, $y=4$
63b $x=4$, $y=6$
64a $x=6$, $y=2$
64b $x=5$, $y=12$
練習11 (1) ①　∠C　　　　②　∠B
　　　　(2) ①　存在する。
　　　　　　②　存在しない。
　　　　　　③　存在しない。

∠A＞∠B＞∠C
練習12 (1) $x=4$　　　　　(2) $x=8$
　　　　(3) $x=3$　　　　　(4) $x=3$
練習13 (1) 9　　　(2) 3　　　(3) 3

65a (1) $x=48°$, $y=96°$　(2) $x=30°$, $y=80°$
　　　　(3) $x=31°$
65b (1) $x=115°$　　　　(2) $x=35°$, $y=15°$
　　　　(3) $x=74°$
66a (1) 同一円周上にある。
　　　　(2) 同一円周上にない。
66b (1) 同一円周上にない。
　　　　(2) 同一円周上にある。

同一円周上にある。
67a (1) $x=100°$, $y=85°$　(2) $x=75°$, $y=75°$
67b (1) $x=70°$, $y=75°$　(2) $x=120°$, $y=70°$

$x=80°$, $y=110°$
68a (1) 円に内接しない。(2) 円に内接する。
　　　　(3) 円に内接する。
68b (1) 円に内接しない。(2) 円に内接する。
　　　　(3) 円に内接する。
69a $x=5$, $y=7$
69b $x=7$
70a (1) $BD=10-x$, $CD=8-x$
　　　　(2) $AF=3$
70b (1) $AE=9-x$, $CE=7-x$
　　　　(2) $BD=4$
71a (1) $x=80°$, $y=30°$　(2) $x=50°$, $y=65°$
　　　　(3) $x=20°$, $y=50°$
71b (1) $x=55°$, $y=35°$　(2) $x=70°$, $y=50°$
　　　　(3) $x=70°$, $y=75°$
72a (1) $x=2$　　　　　(2) $x=4$
72b (1) $x=11$　　　　　(2) $x=4$
73a (1) $x=2$　　　　　(2) $x=6$
73b (1) $x=9$　　　　　(2) $x=7$
74a (1) $x=12$　　　　　(2) $x=4$
74b (1) $x=4$　　　　　(2) $x=10$
75a (1) $d=12$　(2) $2<d<12$　(3) $d<2$
75b (1) $d=5$　(2) $d>13$　(3) $5<d<13$
76a (1) $2\sqrt{35}$　　　　(2) $4\sqrt{6}$
76b (1) $\sqrt{35}$　　　　(2) $\sqrt{11}$
練習14 $r=3$
練習15

右の図のように，線分
AB を引く。
円の接線と弦の作る角の
性質により
　　∠ECT′＝∠BAC　　　……①
また，四角形 ABED は円に内接するから
　　∠BAC＝∠BED　　　……②
①，②より　∠ECT′＝∠BED
したがって，錯角が等しいから，TT′∥DE である。

77a (1) $90°$　　(2) $60°$　　(3) $90°$
77b (1) $60°$　　(2) $90°$　　(3) $45°$
78a (1) $90°$　　　　(2) $45°$
78b (1) $45°$　　　　(2) $30°$

79a 2 の倍数は②，③，④
　　　　5 の倍数は①，③
79b 2 の倍数は①，②，④
　　　　5 の倍数は③，④

80a	①, ④		

80a ①, ④

80b ①, ②, ④

81a 3 の倍数は①, ③, ④
9 の倍数は③

81b 3 の倍数は②, ③, ④
9 の倍数は③, ④

82a 2, 5, 8

82b 6

考えてみよう 11
②, ③

83a 自然数 n は，適当な 0 以上の整数 k を用いて
$$n=3k, \ n=3k+1, \ n=3k+2$$
のいずれかで表すことができる。
(ⅰ) $n=3k$ のとき
$$\begin{aligned} n^2+2&=(3k)^2+2=9k^2+2 \\ &=3\cdot 3k^2+2 \end{aligned}$$
よって，余りは 2 である。
(ⅱ) $n=3k+1$ のとき
$$\begin{aligned} n^2+2&=(3k+1)^2+2=9k^2+6k+3 \\ &=3(3k^2+2k+1) \end{aligned}$$
よって，余りは 0 である。
(ⅲ) $n=3k+2$ のとき
$$\begin{aligned} n^2+2&=(3k+2)^2+2 \\ &=9k^2+12k+6 \\ &=3(3k^2+4k+2) \end{aligned}$$
よって，余りは 0 である。
(ⅰ), (ⅱ), (ⅲ)から，n^2+2 を 3 で割った余りは 0 か 2 である。

83b 自然数 n は，適当な 0 以上の整数 k を用いて
$$n=4k, \ n=4k+1, \ n=4k+2, \ n=4k+3$$
のいずれかで表すことができる。
(ⅰ) $n=4k$ のとき
$$n(n+1)=4k(4k+1)$$
よって，余りは 0 である。
(ⅱ) $n=4k+1$ のとき
$$\begin{aligned} n(n+1)&=(4k+1)\{(4k+1)+1\} \\ &=16k^2+12k+2 \\ &=4(4k^2+3k)+2 \end{aligned}$$
よって，余りは 2 である。
(ⅲ) $n=4k+2$ のとき
$$\begin{aligned} n(n+1)&=(4k+2)\{(4k+2)+1\} \\ &=16k^2+20k+6 \\ &=4(4k^2+5k+1)+2 \end{aligned}$$
よって，余りは 2 である。
(ⅳ) $n=4k+3$ のとき
$$\begin{aligned} n(n+1)&=(4k+3)\{(4k+3)+1\} \\ &=4(4k+3)(k+1) \end{aligned}$$
よって，余りは 0 である。
(ⅰ), (ⅱ), (ⅲ), (ⅳ)から，$n(n+1)$ を 4 で割った余りは 0 か 2 である。

84a (1) 6 (2) 36

84b (1) 45 (2) 24

85a 7

85b 1

86a 1, 3, 7, 9, 11, 13

86b 1, 5, 11, 13, 17, 19

87a (1) $\dfrac{7}{24}$ (2) $\dfrac{59}{27}$

87b (1) $\dfrac{9}{16}$ (2) $\dfrac{4}{11}$

考えてみよう 12
84枚

88a (1) $x=13k, \ y=5k$ （k は整数）
(2) $x=4k-2, \ y=3k$ （k は整数）

88b (1) $x=5k, \ y=-6k$ （k は整数）
(2) $x=7k, \ y=-2k+1$ （k は整数）

89a $x=5k+3, \ y=2k+1$ （k は整数）

89b $x=3k+1, \ y=-7k-2$ （k は整数）

考えてみよう 13
$x=7k+4, \ y=4k+2$ （k は整数）

90a (1) 5 (2) 54

90b (1) 31 (2) 93

91a (1) $11010_{(2)}$ (2) $110011_{(2)}$

91b (1) $1000000_{(2)}$ (2) $1101110_{(2)}$

92a (1) 0.75 (2) 1.375

92b (1) 0.5625 (2) 4.125

考えてみよう 14
(1) 47 (2) $1021_{(3)}$

練習16 (1) 21
(2) 21, 157, 293, 429

練習17 k を整数とする。
$n=2k$ のとき，n は 2 の倍数である。
$n=2k+1$ のとき
$$n-1=(2k+1)-1=2k$$
よって，どの場合も $n(n-1)(2n-1)$ は 2 の倍数である。
したがって，$n(n-1)(2n-1)$ が 3 の倍数であることを示せばよい。
$n=3k$ のとき，n は 3 の倍数である。
$n=3k+1$ のとき
$$n-1=(3k+1)-1=3k$$
$n=3k+2$ のとき
$$2n-1=2(3k+2)-1=6k+3=3(2k+1)$$
よって，どの場合も $n(n-1)(2n-1)$ は 3 の倍数である。
したがって，$n(n-1)(2n-1)$ は 6 の倍数である。

練習18 (1) $10100_{(2)}$ (2) $10000_{(2)}$
(3) $111_{(2)}$ (4) $1101_{(2)}$

平方・立方・平方根の表

n	n^2	n^3	$\sqrt{n}$	$\sqrt{10n}$	n	n^2	n^3	$\sqrt{n}$	$\sqrt{10n}$
1	1	1	1.0000	3.1623	51	2601	132651	7.1414	22.5832
2	4	8	1.4142	4.4721	52	2704	140608	7.2111	22.8035
3	9	27	1.7321	5.4772	53	2809	148877	7.2801	23.0217
4	16	64	2.0000	6.3246	54	2916	157464	7.3485	23.2379
5	25	125	2.2361	7.0711	55	3025	166375	7.4162	23.4521
6	36	216	2.4495	7.7460	56	3136	175616	7.4833	23.6643
7	49	343	2.6458	8.3666	57	3249	185193	7.5498	23.8747
8	64	512	2.8284	8.9443	58	3364	195112	7.6158	24.0832
9	81	729	3.0000	9.4868	59	3481	205379	7.6811	24.2899
10	100	1000	3.1623	10.0000	60	3600	216000	7.7460	24.4949
11	121	1331	3.3166	10.4881	61	3721	226981	7.8102	24.6982
12	144	1728	3.4641	10.9545	62	3844	238328	7.8740	24.8998
13	169	2197	3.6056	11.4018	63	3969	250047	7.9373	25.0998
14	196	2744	3.7417	11.8322	64	4096	262144	8.0000	25.2982
15	225	3375	3.8730	12.2474	65	4225	274625	8.0623	25.4951
16	256	4096	4.0000	12.6491	66	4356	287496	8.1240	25.6905
17	289	4913	4.1231	13.0384	67	4489	300763	8.1854	25.8844
18	324	5832	4.2426	13.4164	68	4624	314432	8.2462	26.0768
19	361	6859	4.3589	13.7840	69	4761	328509	8.3066	26.2679
20	400	8000	4.4721	14.1421	70	4900	343000	8.3666	26.4575
21	441	9261	4.5826	14.4914	71	5041	357911	8.4261	26.6458
22	484	10648	4.6904	14.8324	72	5184	373248	8.4853	26.8328
23	529	12167	4.7958	15.1658	73	5329	389017	8.5440	27.0185
24	576	13824	4.8990	15.4919	74	5476	405224	8.6023	27.2029
25	625	15625	5.0000	15.8114	75	5625	421875	8.6603	27.3861
26	676	17576	5.0990	16.1245	76	5776	438976	8.7178	27.5681
27	729	19683	5.1962	16.4317	77	5929	456533	8.7750	27.7489
28	784	21952	5.2915	16.7332	78	6084	474552	8.8318	27.9285
29	841	24389	5.3852	17.0294	79	6241	493039	8.8882	28.1069
30	900	27000	5.4772	17.3205	80	6400	512000	8.9443	28.2843
31	961	29791	5.5678	17.6068	81	6561	531441	9.0000	28.4605
32	1024	32768	5.6569	17.8885	82	6724	551368	9.0554	28.6356
33	1089	35937	5.7446	18.1659	83	6889	571787	9.1104	28.8097
34	1156	39304	5.8310	18.4391	84	7056	592704	9.1652	28.9828
35	1225	42875	5.9161	18.7083	85	7225	614125	9.2195	29.1548
36	1296	46656	6.0000	18.9737	86	7396	636056	9.2736	29.3258
37	1369	50653	6.0828	19.2354	87	7569	658503	9.3274	29.4958
38	1444	54872	6.1644	19.4936	88	7744	681472	9.3808	29.6648
39	1521	59319	6.2450	19.7484	89	7921	704969	9.4340	29.8329
40	1600	64000	6.3246	20.0000	90	8100	729000	9.4868	30.0000
41	1681	68921	6.4031	20.2485	91	8281	753571	9.5394	30.1662
42	1764	74088	6.4807	20.4939	92	8464	778688	9.5917	30.3315
43	1849	79507	6.5574	20.7364	93	8649	804357	9.6437	30.4959
44	1936	85184	6.6332	20.9762	94	8836	830584	9.6954	30.6594
45	2025	91125	6.7082	21.2132	95	9025	857375	9.7468	30.8221
46	2116	97336	6.7823	21.4476	96	9216	884736	9.7980	30.9839
47	2209	103823	6.8557	21.6795	97	9409	912673	9.8489	31.1448
48	2304	110592	6.9282	21.9089	98	9604	941192	9.8995	31.3050
49	2401	117649	7.0000	22.1359	99	9801	970299	9.9499	31.4643
50	2500	125000	7.0711	22.3607	100	10000	1000000	10.0000	31.6228

231

三角比の表

A	$\sin A$	$\cos A$	$\tan A$	A	$\sin A$	$\cos A$	$\tan A$
0°	0.0000	1.0000	0.0000	45°	0.7071	0.7071	1.0000
1°	0.0175	0.9998	0.0175	46°	0.7193	0.6947	1.0355
2°	0.0349	0.9994	0.0349	47°	0.7314	0.6820	1.0724
3°	0.0523	0.9986	0.0524	48°	0.7431	0.6691	1.1106
4°	0.0698	0.9976	0.0699	49°	0.7547	0.6561	1.1504
5°	0.0872	0.9962	0.0875	50°	0.7660	0.6428	1.1918
6°	0.1045	0.9945	0.1051	51°	0.7771	0.6293	1.2349
7°	0.1219	0.9925	0.1228	52°	0.7880	0.6157	1.2799
8°	0.1392	0.9903	0.1405	53°	0.7986	0.6018	1.3270
9°	0.1564	0.9877	0.1584	54°	0.8090	0.5878	1.3764
10°	0.1736	0.9848	0.1763	55°	0.8192	0.5736	1.4281
11°	0.1908	0.9816	0.1944	56°	0.8290	0.5592	1.4826
12°	0.2079	0.9781	0.2126	57°	0.8387	0.5446	1.5399
13°	0.2250	0.9744	0.2309	58°	0.8480	0.5299	1.6003
14°	0.2419	0.9703	0.2493	59°	0.8572	0.5150	1.6643
15°	0.2588	0.9659	0.2679	60°	0.8660	0.5000	1.7321
16°	0.2756	0.9613	0.2867	61°	0.8746	0.4848	1.8040
17°	0.2924	0.9563	0.3057	62°	0.8829	0.4695	1.8807
18°	0.3090	0.9511	0.3249	63°	0.8910	0.4540	1.9626
19°	0.3256	0.9455	0.3443	64°	0.8988	0.4384	2.0503
20°	0.3420	0.9397	0.3640	65°	0.9063	0.4226	2.1445
21°	0.3584	0.9336	0.3839	66°	0.9135	0.4067	2.2460
22°	0.3746	0.9272	0.4040	67°	0.9205	0.3907	2.3559
23°	0.3907	0.9205	0.4245	68°	0.9272	0.3746	2.4751
24°	0.4067	0.9135	0.4452	69°	0.9336	0.3584	2.6051
25°	0.4226	0.9063	0.4663	70°	0.9397	0.3420	2.7475
26°	0.4384	0.8988	0.4877	71°	0.9455	0.3256	2.9042
27°	0.4540	0.8910	0.5095	72°	0.9511	0.3090	3.0777
28°	0.4695	0.8829	0.5317	73°	0.9563	0.2924	3.2709
29°	0.4848	0.8746	0.5543	74°	0.9613	0.2756	3.4874
30°	0.5000	0.8660	0.5774	75°	0.9659	0.2588	3.7321
31°	0.5150	0.8572	0.6009	76°	0.9703	0.2419	4.0108
32°	0.5299	0.8480	0.6249	77°	0.9744	0.2250	4.3315
33°	0.5446	0.8387	0.6494	78°	0.9781	0.2079	4.7046
34°	0.5592	0.8290	0.6745	79°	0.9816	0.1908	5.1446
35°	0.5736	0.8192	0.7002	80°	0.9848	0.1736	5.6713
36°	0.5878	0.8090	0.7265	81°	0.9877	0.1564	6.3138
37°	0.6018	0.7986	0.7536	82°	0.9903	0.1392	7.1154
38°	0.6157	0.7880	0.7813	83°	0.9925	0.1219	8.1443
39°	0.6293	0.7771	0.8098	84°	0.9945	0.1045	9.5144
40°	0.6428	0.7660	0.8391	85°	0.9962	0.0872	11.4301
41°	0.6561	0.7547	0.8693	86°	0.9976	0.0698	14.3007
42°	0.6691	0.7431	0.9004	87°	0.9986	0.0523	19.0811
43°	0.6820	0.7314	0.9325	88°	0.9994	0.0349	28.6363
44°	0.6947	0.7193	0.9657	89°	0.9998	0.0175	57.2900
45°	0.7071	0.7071	1.0000	90°	1.0000	0.0000	———

新課程版　スタディ数学 I・A

2022年1月10日　初版　　第1刷発行

編　者　第一学習社編集部

発行者　松　本　洋　介

発行所　株式会社　第一学習社

東京：東京都千代田区二番町5番5号　〒102-0084　☎03-5276-2700
大阪：吹 田 市 広 芝 町 8 番 24 号　〒564-0052　☎06-6380-1391
広島：広島市西区横川新町7番14号　〒733-8521　☎082-234-6800

札　幌☎011-811-1848　　　仙台☎022-271-5313　　　新潟☎025-290-6077
つくば☎029-853-1080　　　東京☎03-5803-2131　　　横浜☎045-953-6191
名古屋☎052-769-1339　　　神戸☎078-937-0255　　　広島☎082-222-8565
福　岡☎092-771-1651

 訂正情報配信サイト 26894-01
❶利用については，先生の指示にしたがってください。
❷利用に際しては，一般に，通信料が発生します。

https://dg-w.jp/f/7cf07

書籍コード　26894-01　　　　　　　＊落丁，乱丁本はおとりかえいたします。
　　　　　　　　　　　　　　　　　　解答は個人のお求めには応じられません。

ISBN978-4-8040-2689-3　　　　　　ホームページ　http://www.daiichi-g.co.jp/

基本事項のまとめ

積の符号

- $(+) \times (+) = (+)$　例　$2 \times 3 = 6$
- $(-) \times (-) = (+)$　例　$(-2) \times (-3) = 6$
- $(+) \times (-) = (-)$　例　$2 \times (-3) = -6$
- $(-) \times (+) = (-)$　例　$(-2) \times 3 = -6$

計算の順序

- 乗法($\times$)，除法($\div$)は，加法($+$)，減法($-$)より先に計算する。

  例　$7 + 4 \times 3 - 6 \div 2 = 7 + 12 - 3 = 16$

- かっこがあるときは，かっこの中を先に計算する。

  例　$7 + 5 \times (3 - 2) = 7 + 5 \times 1 = 7 + 5 = 12$

等式の性質

$a = b$ ならば，次の等式が成り立つ。

$$a + c = b + c$$
$$a - c = b - c$$
$$ac = bc$$
$$\frac{a}{c} = \frac{b}{c} \quad (c \neq 0)$$

座標平面

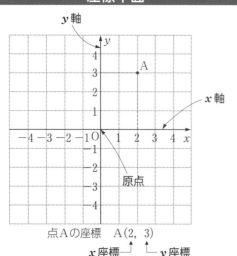

点Aの座標　$A(2, 3)$

x 座標　　y 座標

1次関数 $y = ax + b$ のグラフ

傾きが a，切片が b の直線

① $a > 0$ のとき

　グラフは右上がりの直線

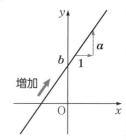

増加

② $a < 0$ のとき

　グラフは右下がりの直線

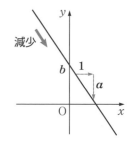

減少

鋭角・直角・鈍角

- 鋭角…$0°$ より大きく $90°$ より小さい角
- 鈍角…$90°$ より大きく $180°$ より小さい角

- 鋭角三角形… 3 つの内角がすべて鋭角
- 直角三角形… 1 つの内角が直角
- 鈍角三角形… 1 つの内角が鈍角

鋭角三角形　　直角三角形　　鈍角三角形

三平方の定理

直角三角形の直角をはさむ
2 辺の長さを a，b，斜辺
の長さを c とすると

$$a^2 + b^2 = c^2$$

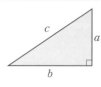